U0162829

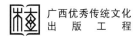

广西优秀传统文化
出版工程

"自然广西"丛书

奇趣昆虫

欧阳临安　著

微信 / 抖音扫码

广西科学技术出版社

·南宁·

图书在版编目（CIP）数据

奇趣昆虫 / 欧阳临安著 .—南宁：广西科学技术出版社，2023.9
（"自然广西"丛书）
ISBN 978-7-5551-1988-3

Ⅰ.①奇… Ⅱ.①欧… Ⅲ.①昆虫—广西—普及读物 Ⅳ.① Q968.226.7-49

中国国家版本馆 CIP 数据核字（2023）第 167992 号

QIQU KUNCHONG

奇趣昆虫

欧阳临安　著

出 版 人：梁　志	**助理编辑**：谢艺文
项目统筹：罗煜涛	**装帧设计**：韦娇林　陈　凌
项目协调：何杏华	**责任校对**：盘美辰
责任编辑：赖铭洪	**责任印制**：韦文印

出版发行：广西科学技术出版社
社　　址：广西南宁市东葛路 66 号
邮政编码：530023
网　　址：http：//www.gxkjs.com
印　　制：广西民族印刷包装集团有限公司

开　　本：889 mm×1240 mm　1/32
印　　张：7
字　　数：151 千字
版　　次：2023 年 9 月第 1 版
印　　次：2023 年 9 月第 1 次印刷
书　　号：ISBN 978-7-5551-1988-3
定　　价：38.00 元

总序

　　江河奔腾，青山叠翠，自然生态系统是万物赖以生存的家园。走向生态文明新时代，建设美丽中国，是实现中华民族伟大复兴中国梦的重要内容。

　　进入新时代，生态文明建设在党和国家事业发展全局中具有重要地位。党的二十大报告提出"推动绿色发展，促进人与自然和谐共生"。2023 年 7 月，习近平总书记在全国生态环境保护大会上发表重要讲话，强调"把建设美丽中国摆在强国建设、民族复兴的突出位置"，"以高品质生态环境支撑高质量发展，加快推进人与自然和谐共生的现代化"，为进一步加强生态环境保护、推进生态文明建设提供了方向指引。

　　美丽宜居的生态环境是广西的"绿色名片"。广西地处祖国南疆，西北起于云贵高原的边缘，东北始于逶迤的五岭，向南直抵碧海银沙的北部湾。高山、丘陵、盆地、平原、江流、湖泊、海滨、岛屿等复杂的地貌和亚热带季风气候，造就了生物多样性特征明显的自然生态。山川秀丽，河溪俊美，生态多样，环境优良，物种丰富，广西在中国乃至世界的生态资源保护和生态文明建设中都起到举足轻重的作用。习近平总书记高度重视广西生态文明建设，称赞"广西生态优势金不换"，强调要守护好八桂大地的山水之美，在推动绿色发展上实现更大进展，为谱写人与自然和谐共生的中国式现代化广西篇章提供了科学指引。

生态安全是国家安全的重要组成部分，是经济社会持续健康发展的重要保障，是人类生存发展的基本条件。广西是我国南方重要生态屏障，承担着维护生态安全的重大职责。长期以来，广西厚植生态环境优势，把科学发展理念贯穿生态文明强区建设全过程。为贯彻落实党的二十大精神和习近平生态文明思想，广西壮族自治区党委宣传部指导策划，广西出版传媒集团组织广西科学技术出版社的编创团队出版"自然广西"丛书，系统梳理广西的自然资源，立体展现广西生态之美，充分彰显广西生态文明建设成就。该丛书被列入广西优秀传统文化出版工程，包括"山水""动物""植物"3个系列共16个分册，"山水"系列介绍山脉、水系、海洋、岩溶、奇石、矿产，"动物"系列介绍鸟类、兽类、昆虫、水生动物、远古动物、史前人类，"植物"系列介绍野生植物、古树名木、农业生态、远古植物。丛书以大量的科技文献资料和科学家多年的调查研究成果为基础，通过自然科学专家、优秀科普作家合作编撰，融合地质学、地貌学、海洋学、气候学、生物学、地理学、环境科学、历史学、考古学、人类学等诸多学科内容，以简洁而富有张力的文字、唯美的生态摄影作品、精致的科普手绘图等，全面系统介绍广西丰富多彩的自然资源，生动解读人与自然和谐共生的广西生态画卷，为建设新时代壮美广西提供文化支撑。

八桂大地，远山如黛，绿树葱茏，万物生机盎然，山水秀甲天下。这是广西自然生态环境的鲜明底色，让底色更鲜明是时代赋予我们的责任和使命。

推动提升公民科学素养，传承生态文明，是出版人的拳拳初心。党的二十大报告提出，"加强国家科普能力建设，深化全民阅读活动"，"推进文化自信自强，铸就社会主义文化新辉煌"。"自然广西"丛书集科学性、趣味性、可读性于一体，在全面梳理广西丰富多彩的自然资源的同时，致力传播生态文明理念，普及科学知识，进一步增强读者的生态文明意识。丛书的出版，生动立体呈现八桂大地壮美的山山水水、丰盈的生态资源和厚重的历史底蕴，引领世人发现广西自然之美；促使读者了解广西的自然生态，增强全民自然科学素养，以科学的观念和方法与大自然和谐相处；助力广西守好生态底色，走可持续发展之路，让广西的秀丽山水成为人们向往的"诗和远方"；以书为媒，推动生态文化交流，为谱写人与自然和谐共生的中国式现代化广西篇章贡献出版力量。

"自然广西"丛书，凝聚愿景再出发。新征程上，朝着生态文明建设目标，我们满怀信心、砥砺奋进。

探秘八桂昆虫世界

小宇宙里有大乾坤

珍稀昆虫等你发现

揭秘 昆虫王国

精美昆虫插图 近距离呈现生物影像

出发 微观世界

短视频讲解本书内容 快速获取核心观点

亲历 第一现场

直击昆虫发现全过程 认识珍贵稀有物种

拓宽 阅读视野

出版社品质好书推荐 完善你的知识地图

目录

综述：小宇宙，大乾坤

　　昆虫是地球上物种数量最多、个体数量最大、生活方式最多样、生存策略最奇特的一大类生物。昆虫与人类的关系十分密切，昆虫文化是人类文明的重要组成部分。

　　广西地处祖国南疆，北回归线横贯而过，地跨热带和亚热带。复杂的地形地貌，丰富的热量和多样的气候，充沛的降水量和众多的河流水体，茂密而辽阔的森林，为广西昆虫多样性的发展提供了有利的环境。广西不仅昆虫多样性丰富度居全国前三位，而且所拥有的热带昆虫种类更为繁多，色彩更为艳丽，外形更为奇特。如龙眼鸡（长鼻蜡蝉）就是南方最奇特的昆虫之一。

　　好山好水好土壤，好草好林好空气，生态优势金不换的八桂大地孕育了一些珍稀昆虫。

　　金斑喙凤蝶是我国最美丽的大型蝴蝶，是被列入国家重点保护野生动物名录（一级）的三种昆虫之一，被誉为"国蝶""蝶之骄子"。它珍贵而稀少，排世界八大名贵蝴蝶之首，又有"梦幻蝴蝶"和"世界动物活化石"之美誉。金斑喙凤蝶主要分布在金秀大瑶山，在南宁大明山等地也有分布，在广西大瑶山国家级自然保护区的努力下，金斑喙凤蝶的种群数量稳定增长。

广西的裳凤蝶、金裳凤蝶、喙凤蝶、翔叶䗛（xiū）、珍叶䗛、泛叶䗛、阳彩臂金龟和桂北大步甲等被列入国家重点保护野生动物名录（二级）。其中阳彩臂金龟前足超过体长，是甲虫中前足最长的种类，为中国特有种，在广西的种群数量相对庞大，主要分布于龙州弄岗和金秀大瑶山等地。弄岗和大瑶山也是裳凤蝶、金裳凤蝶和翔叶䗛的分布地。

广西瘤䗛、北部湾金吉丁和双齿多刺蚁等被列入《有重要生态、科学、社会价值的陆生野生动物名录》。其他珍稀昆虫有燕凤蝶、绿带燕凤蝶、瓦曙凤蝶、宽尾凤蝶、枯叶蛱蝶、箭环蝶、乌桕大蚕蛾、冬青大蚕蛾、中国突眼蝇、中华蜜蜂和丽叩甲等。燕凤蝶是世界上最小型的凤蝶，它有两条修长的尾突，很像燕子的尾巴，前翅有大面积的透明视窗，非常漂亮。此蝶分布于龙州弄岗等地。枯叶蛱蝶以前后翅相叠后其翅形及斑纹似枯叶而著称，分布于来宾、贺州、桂林、崇左和防城港等地。宽尾凤蝶是唯一有两条翅脉进入尾突的蝴蝶，体形大而华美，被国际学术界视为中国蝶类的象征，在融水元宝山和富川西岭山等地有分布。瓦曙凤蝶和中国突眼蝇分布于金秀大瑶山等地。乌桕大蚕蛾和冬青大蚕蛾分布于十万大山等地。箭环蝶、中华蜜蜂和丽叩甲等属于广布种。

金秀大瑶山有保存完好的南亚热带常绿阔叶林和明显的华南山地植被垂直带谱，是我国许多濒危物种和特有物种的最后避难所。除了有金斑喙凤蝶等珍稀昆虫，那里还栖息着中国古丝蜉——最原始、最古老的大型蜉蝣种类。还有竹节虫，世界上身体最长的昆虫，金秀大瑶山的中国巨竹节虫是至今发现的身体最长的竹节虫，长度达到 62.4 厘米。

在广西这片热土上，活跃着一群小建筑师。迷雪苔蛾老熟幼虫用刚毛编织的茧可以与鸟巢媲美。螺纹蓑蛾幼虫将草茎按螺旋状堆叠，筑成富有艺术性的建筑物，令人想到第三国际纪念塔的设计方案。凡此种种，不胜枚举。

还有金斑虎甲善于奔跑，蓝点紫斑蝶善于防御，绿背覆翅螽善于伪装，紫蓝丽盾蝽拥有"化学武器"……可谓"八仙过海，各显神通"。

昆虫处在食物链的底端，没有无忧无虑的童年，小小年纪就得自食其力。很多虫宝宝靠伪装迷惑天敌，给自己增加生存机会。蚁狮（蚁蛉幼虫）是其中早熟能干的孩子，能设置陷阱捕猎。

昆虫适应性极强，能在暗无天日的溶洞中生活。环江及其周边的喀斯特地区，拥有我国最丰富的洞穴生物多样性，已发现众多的盲步甲、斑灶马和"幽灵虫"等。

随着城市化建设的推进，昆虫的栖息地越来越小，变成碎片化。昆虫到底是人类的敌人还是朋友？这是个值得思考的问题。答案就在本书中。

山不在高，有虫则灵。广西山多，山里面有没有住着神仙？答案自然是没有。不过山里倒是住着许多身怀绝技的小虫子。古人梦想羽化成仙，而已经羽化的小虫子在山里自由翱翔。让我们去吹一吹山风，听一听虫鸣吧。

生境：一方水土养一方虫

　　原始森林孕育了众多的昆虫，特别是气候温暖、食物来源丰富的栖息地，有着最丰富的昆虫资源。湿地是蜻蜓、石蝇和蜉蝣等水生昆虫的庇护所；植物的花朵为蝴蝶、蜜蜂和食蚜蝇提供了食物来源；不同树木的树叶上栖息着大量不同的昆虫，比如蝴蝶幼虫、叶甲和螳虫；朽木是许多甲虫幼虫的食物……人工林看起来郁郁葱葱，但能供养的昆虫种类却很少，因为人工林通常树木种类单一。有的昆虫环境适应能力很强，在被人类改造的栖息地中也能生存，不过都是常见种类。

微信 / 抖音扫码

弄岗昆虫印象

广西弄岗国家级自然保护区在广西崇左市的龙州、宁明两县境内。属于北热带湿润季风区，热量丰富，降水量丰沛，生物多样性丰富。保护区有广西石灰岩地区保存面积最大的森林，具有复杂多样、原生性较强的特点，有"中国最美喀斯特季雨林"之美誉。其独特的生境为许许多多的昆虫提供了得天独厚的栖息地和庇护所，是我国昆虫多样性的热点地区之一。

鳞翅目是昆虫纲里的第二大目，鳞翅目昆虫，就是我们平常所说的蝴蝶与蛾，分布范围极广，以热带种类为最多。

喀斯特地貌

广西弄岗国家级自然保护区内，随处可见翩翩起舞的蝴蝶。特别是雨过天晴时，蝴蝶纷纷出动，大的、小的、红的、黄的、黑的……仿佛全世界的蝴蝶都集中到这里开会。有的蝴蝶好静，停留在潮湿的路上吸水，一待就是老半天；有的好动，飞来飞去，四处访花，或者成群结队地绕着池塘飞行。

裳凤蝶是凤蝶科裳凤蝶属的一种大型蝴蝶，被列入国家重点保护野生动物名录（二级）。其中，雌性裳凤蝶的体形大于雄性裳凤蝶。它的飞行姿态优美，后翅上的黄色斑纹在阳光的照射下金光闪闪，显得美丽华贵。树林边缘盛开着很多尖齿臭茉莉，雨过天晴，裳凤蝶会飞到花丛中吸花蜜。

雨后，在尖齿臭茉莉上吸食花蜜的裳凤蝶

　　跟裳凤蝶不同，红锯蛱蝶喜欢低飞。红锯蛱蝶被列入我国物种红色名录。它是我国蛱蝶中最艳丽的种类之一，具有较高的观赏价值，它还有"花裙蛱蝶""梦露蝶"这样动人的称呼。雄性红锯蛱蝶的翅膀正面为橘红色，具黑色锯齿状外缘；雌性红锯蛱蝶的翅膀颜色较淡。红锯蛱蝶喜欢停栖在低矮的灌丛上，还时常在上午展开翅膀晒太阳。红锯蛱蝶飞行低缓，刚停落到草丛上时翅膀一开一合，很久才安静下来。

这是一只长满"锯齿"的雄性红锯蛱蝶

　　文蛱蝶是一种大型蝴蝶。雄性文蛱蝶的前翅长 46 厘米左右，雌性文蛱蝶的前翅更长一些，可达 50 厘米左右。文蛱蝶主要栖息于热带雨林，也是弄岗的特色蝶种之一。文蛱蝶雌雄异型，雄性文蛱蝶色彩更为艳丽，呈赭黄色，飞行时如一片秋叶在空中飘飞。雌性文蛱蝶为青灰色，翅膀中间有大片白斑。天气炎热时文蛱蝶常在潮湿地吸食污水，也喜欢吸食水果汁液。

正在吸食动物粪便的雄性文蛱蝶

　　网丝蛱蝶的后翅呈波浪形，有短短的小尾突；翅膀背面为白色，带有许多延伸到前翅的棕黑色细纹，纹路错乱，宛似地图，因此也有人称之为"地图蝶"。若停在乱石堆中，由于斑驳的花纹能形成很好的保护色，可使网丝蛱蝶不易被发现。网丝蛱蝶飞行缓慢，爱在树林里高高的树顶或者石灰石上停留，静止时翅膀平展。

　　下小雨时，在地面吸水的蝴蝶大部分都飞走了，网丝蛱蝶仍然无动于衷。这是因为网丝蛱蝶翅膀上的鳞片像鸟儿的羽毛一样重叠排列，且上面有蜡质，可以防小雨。

两只正在吸水的网丝蛱蝶，它们的翅膀不怕被小雨打湿

　　雨后，蝴蝶飞来飞去，好像赶集一样。叶子上，一只丽叩甲却在睡大觉，叶子上和它的鞘翅上都残留着水珠。丽叩甲的体色有深绿色、绿褐色、蓝绿色等多种颜色，不管是哪种颜色，闪耀的金属光泽是它们的共同特征，这使它们看起来非同凡响。

　　在另一片宽大的绿叶上，一对分爪负泥虫在举行婚礼。它们头顶上有锯齿状的黑色触角，身穿时尚红色外衣，显得格外喜庆。一只黑蚂蚁见证了它们的幸福时刻。别看如今光鲜亮丽，分爪负泥虫小时候特别丑、特别脏，常常把自己的粪便背在背上，好像一团稀泥。这样做虽然有损形象，但可以使幼虫免受天敌的攻击。

一对分爪负泥虫在交配，宽大的叶子是它们的婚床

一只丽叩甲在植株顶部睡觉，它所在的
这片叶子翻了过来，更加突出它的存在

另一株植物上的几只白点天牛比较安静。白点天牛的两根触角很长，它穿着一件点缀着白色斑点的大衣，模样和配色很像黄星天牛，因此又名"伪黄星天牛"。白点天牛是华南地区特有的一种天牛，主要分布于广西、广东和海南等地。天牛壮硕的躯体和突出的两根触角使人联想到牛的形象。天牛主要以幼虫蛀食，且生活时间最长，对树干危害最严重，因此有"锯树郎"之称。

干旱太久了，在细雨抚摸过的草丛，昆虫们又恢复了生机。很多蝽体色艳丽，弄岗的则更为明显。瞧，这只玛蝽身穿铜绿色大衣，闪闪发光，体色比亚热带的更为艳丽。有的玛蝽很敏感，稍微受惊就放"臭屁"；有的脾气好，用草拨弄它都没事。

叶子上的玛蝽，身上还残留着水珠

猎蝽种类繁多，多分布于热带地区。一只黄犀猎蝽在叶子上爬上爬下，最后飞走了。它黑色的头部细长，触角也很长，加上长长的口器，一看就知道绝非善良之辈。它穿着如胡蜂那样的黄黑相间的条纹衣服，这种警戒色如同红灯，代表着危险。

叶子上的一只白点天牛，它的外观跟黄星
天牛很像，人们很容易把它们二者混淆

黄犀猎蝽，从那如胡蜂般黄黑相间
的条纹中可以看出它的猎手本色

　　枝叶间有一截枯枝？不，这是一只瘤螽（竹节虫的一种）假扮的。竹节虫目的拉丁学名为 Phasmatodea，源于希腊语中的"phasma"，即幻影，这一名称突显了竹节虫善于伪装自己的神奇能力。瘤螽长得短粗，形体特殊，两端较细，中间粗，体表凹凸不平，具瘤状颗粒，颜色灰暗，远看就像枝叶间落了一截枯枝，不引人注目。

绿叶间的一只装
扮成枯枝的瘤螽

　　在保护区内，除了蝉鸣就是鸟鸣，偶尔可以听到猴子叫。此时，枝条上排列着很多彩蛾蜡蝉，它们在安静地吸食树汁。彩蛾蜡蝉的白色翅膀饰有三条黑线，黑白分明。一只褐缘蜡蝉混进了彩蛾蜡蝉的队伍里。除了彩蛾蜡蝉成虫，枝条上还有一些能分泌蜡丝的若虫。彩蛾蜡蝉喜欢群居，翅膀比身体长，静止时呈屋脊状。

　　蜡蝉科盛产各种"妖魔鬼怪"，最出名的是龙眼鸡。

一只褐缘蜡蝉混进
了彩蛾蜡蝉的队伍

树干上的龙眼鸡，长着鲜红的
"长鼻子"，绿色的前翅上装
点着黄色的斑点，外形极华丽

"长鼻子，穿花衣，是蜡蝉，却叫鸡"。龙眼鸡头额延伸向上，稍弯曲，如长鼻，因而又名"长鼻蜡蝉"。龙眼鸡受惊时，会用"长鼻子"敲击树干，以威慑对手。它喜欢在龙眼和荔枝上生活，以吸食树汁为生。龙眼鸡的若虫和成虫都是弹跳高手，能跳 10 ～ 20 厘米远。若受到惊扰，若虫会弹跳逃逸，成虫会弹跳飞逃，"害羞"的则会在树干上转圈躲避。

　　蝗虫最为出名的一点是喜欢聚集。林中空地很多叶子上都聚集着腹露蝗若虫。它们都穿着华丽的服装，这一点与其他地区常见的绿色蝗虫不同。它们头朝同一个方向，一个个像幼儿园的小朋友一样乖。或许是因为这样待在一起可以增加安全感。整齐划一的姿态看起来可笑，其实这是它们的生存方式。如果其中一只因发现危险而逃跑，其余的也会随之逃之夭夭。

群居的腹露蝗若虫，动作整齐，仿佛是一支训练有素的队伍，而中间一个小不点头部朝向相反，显得太顽皮了

螽斯是蝗虫的近亲，前者触角超长，后者触角较短。雌性螽斯尾部还拖着一把镰刀——产卵器。绿色是螽斯的流行色，右图这只平背螽宝宝却穿着彩衣，闪着琉璃光泽，与众不同。它的触角又细又长，长度超过了身体，显得很可爱。五月初，弄岗的螽斯大都是若虫，偶尔出现一只低调的掩耳螽成虫，在叶子上头朝下，尾巴翘起来，扮作叶片。

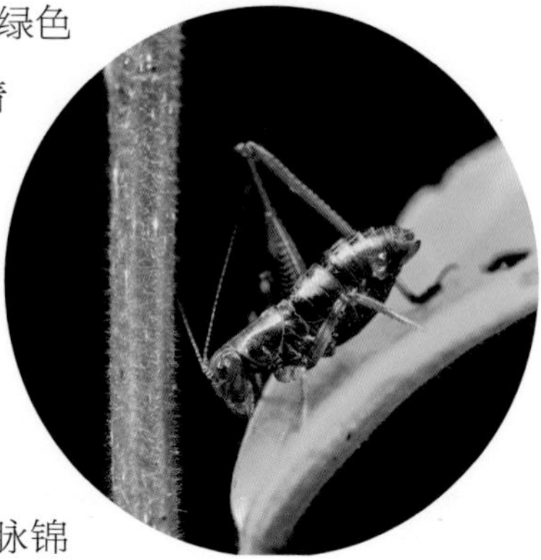

叶子上的一只穿着彩衣、闪着琉璃光泽的平背螽若虫，美丽而孤独

入夜，夜行昆虫出来活动了。榄绿柄脉锦斑蛾正是其中一员。它色彩丰富，非常漂亮，以致有人以为它是蝴蝶。它的触角、头部、胸部及腹部均为蓝绿色，具金属光泽。连蛾都这么美，热带昆虫的艳丽可见一斑。

海芋叶子很大，上面有很多圆洞，一看就知这是锚阿波萤叶甲的杰作。它背部的黑色斑纹犹如船锚，因而得名。海芋是一种毒性非常强的植物，很多生物都对它敬而远之，包括人类。可偏偏锚阿波萤叶甲一点都不害怕海芋，相反，还特别喜欢吃海芋叶子，它是有魔法吗？原来，锚阿波萤叶甲先切断毒素的传输路径，然后再享受美食，这样味道会可口一点。连吃个饭都要斗智斗勇，真不容易！

热带雨林层次复杂，使得海芋无法与乔木争夺阳光，只能将叶子长得尽可能大些，以接住树缝漏下来的阳光，这是它适应林下弱光环境的结果。无论是锚阿波萤叶甲还是海芋，大家都不容易，都是为了生存。

弄岗的昆虫呈现出多、奇、艳的特点，是自然界动物与植物共生、生态和谐的体现。以裳凤蝶、红锯蛱蝶、龙眼鸡为代表的美丽昆虫，很好地展示了热带雨林的五彩缤纷。

叶子上的橄绿柄脉锦斑蛾

聪明的锚阿波萤叶甲先在海芋叶子上"画圈圈"，切断毒素的传输路径，然后再享受美食

西岭山昆虫多样性探寻

诚然，昆虫的曝光率无法与众多大型哺乳动物和鸟类相提并论，但昆虫对生态环境的和谐发展有着非常重要的作用。作为食物链中的一环，昆虫是一些鸟类的重要食物来源，如果昆虫全部灭绝，鸟儿也将饿死。而且，昆虫这个大家族是世界上最繁盛的，有着最奇异的形态和最斑斓的色彩。

广西西岭山自治区级自然保护区（简称"西岭山保护区"）位于广西东北部，在贺州市富川瑶族自治县境内，为南岭山脉都庞岭余脉。西岭山保护区属于中亚热带山地气候区，地形地貌复杂多样，天然杂林茂盛连片。西岭山保护区东面的龟石水库，是广西八大水库之一。独特的地理条件和水热条件，使西岭山保护区孕育了丰富的昆虫资源，保护区内有宽尾凤蝶、枯叶蛱蝶、箭环蝶、佛蟷等珍稀昆虫。

西岭山保护区有 2000 种以上的昆虫，这还是保守的估计。以螳螂为例，东北三省总共只有 4 种（中华刀螳、广斧螳、棕静螳、薄翅螳），而在广西，仅富川瑶族自治县就有 7 种（中华刀

雨后西岭山青翠欲滴，雾气弥漫，如人间仙境

螳、中华斧螳、台湾巨斧螳、棕静螳、齿华螳、中华柔螳、
丽眼斑螳）之多。其中，齿华螳是一种极为优雅又奇妙

的昆虫，它的身体几乎是半透明的。它喜欢紧贴叶子活动，没有中华刀螳那么威武，是一种柔弱的小型螳螂。

齿华螳（雌性）几乎半透明的身体上密布褐色斑纹，真乃世间尤物

　　宽尾凤蝶一般在林缘及开阔地活动，喜欢访花与吸水，还喜欢滑翔飞行，飞行时后翅不扇动。每年高山杜鹃盛开之时，可以看到宽尾凤蝶在花丛中飞来飞去，有时它也喜欢在高空滑翔。在炎热的夏天，成群的雄性宽尾凤蝶会飞到溪边吸水，以获取水中的钾离子，这样在排水时利于降低体温。宽尾凤蝶是唯一有两条翅脉进入尾突的蝴蝶，是中华蝶类的象征。

停在海芋叶子上的宽尾凤蝶（黑型），它的体、翅皆为黑色，前翅前缘色深，后翅外缘波状，波谷红色；后翅尾突如同一双靴子

食腐的宽尾凤蝶（白斑型）和玉斑凤蝶（右）。玉斑凤蝶体、翅皆为黑色。后翅具3个彼此紧靠的白色或淡黄色大斑，翅缘凹陷处橙黄色，亚缘有红色新月斑列，臀角2个红斑几乎成圆环形；翅反面似正面，但斑纹清晰明显

箭环蝶翅膀反面饰有很多眼斑，旁边还有近似人形的侧影图，有"爱神之蝶"的美誉。它喜欢在树荫下、竹丛中穿梭飞行，但速度不快。如此漂亮的蝴蝶却喜欢聚集在动物粪便和烂果上，令人大跌眼镜。

在山石上栖息的箭环蝶。雌性箭环蝶的斑纹比雄性箭环蝶的更大一些，颜色也更深一些

赤基色蟌是世界上体形最大的色蟌，是中国特有种，巨大而美丽。它们对水质要求苛刻，是一种非常敏感的物种。它们喜欢在水边的石头上晒太阳，警惕性很高，难以接近。雄性赤基色蟌的翅基是红色的，而雌性赤基色蟌的则无此色彩。

在动物界，雄性动物的体色一般比雌性动物的更为艳丽，这是为了吸引异性交配。雌性动物的体色会低调一些，是为了更好地躲避天敌，因为雌性动物承担着产卵和育雏等重任。

停驻在溪中石头上的雄性赤基色螅，艳丽的红色翅基夺人眼目，粼粼波光的水面给画面增添了浪漫色彩

停驻在溪中石头上的雌性赤基色蟌，其体色与雄性的差别大

　　西岭山植被茂密，种类丰富，是这里昆虫种类繁多
的原因之一。在盐肤木上，栖息着成群的渡边氏东方蜡
蝉。渡边氏东方蜡蝉全身覆盖白色蜡粉，又名"渡边氏
长吻白蜡虫"。渡边氏东方蜡蝉头部有一非常大且长的
鼻子状突起，末端呈球状，或许是用来恐吓敌人的。它
们刺破树皮，以吸食树汁为生，导致树皮伤痕累累。

　　中国扁锹长着一把老虎钳，体形稍扁，是昆虫界的
角斗士。有时会看见两只雄性中国扁锹在树上打架，它
们企图将对方挑落到地面，事实上这样的斗争不会给它
们带来严重的伤亡，因为有坚甲的保护。中国扁锹成虫
喜食树汁液和花蜜，幼虫则喜腐食，栖食朽木。成虫多
夜出活动，有趋光性，也有白天活动的种类。中国扁锹
由于其体形大、形状奇特而为大众关注和喜爱。

树干上的渡边氏东方蜡蝉，是
导致树皮伤痕累累的罪魁祸首

雌性中国扁锹，上颚短

这是一只雄性中国扁锹。雌性中国扁锹与雄性中国扁锹之间最
大的区别，就是它们的上颚，雄性的上颚长，雌性的上颚短

　　清晨，一只鱼蛉已经醒来，正在清洁它的脚，它的翅膀是半透明的。鱼蛉是广翅目齿蛉科鱼蛉亚科的统称。鱼蛉幼虫水生，捕食其他水生无脊椎动物，对蚊科等害虫的数量有一定的控制作用。其幼虫栖息于山区溪流中，对水质变化比较敏感，因此可作为指示生物进行水质监测，对一定区域的环境变化进行评估。

蕨类植物上的鱼蛉，光线穿过叶子和它的翅膀

　　在西岭山的树林和草丛中，昆虫们都有着自己独特的生活方式。与赤基色蟌等昆虫的高调相反，枯叶蛱蝶和竹节虫非常低调，二者以善于伪装而著称，这样能保护它们不被天敌发现。如果想寻找这些隐士，除了对它们的生境有所了解，还需要耐得住长时间搜寻的寂寞。

　　枯叶蛱蝶是著名的拟态大师。它通过模拟枯叶与周围环境融合，是极其聪明的生存策略，可以有效地躲避天敌，如鸟类、青蛙等两栖类，以及蜘蛛、步甲、蚂蚁、黄蜂、赤眼蜂等的捕食。枯叶蛱蝶会闭合翅膀，藏起艳丽的正面，让自己变成一片不起眼的枯叶。不仅颜色像，形状像，还能将叶柄、叶脉和虫洞都模仿出来。

树干上的枯叶蛱蝶正在模仿枯叶，当它静止在树枝上时，很难分辨出是蝶还是叶

不同的昆虫取食不同的食物，如竹节虫与渡边氏东方蜡蝉取食不同的食物，而鳞翅目昆虫更是在不同的生长阶段取食不同的食物，这都缓解了植物的生存压力。而其他如赤基色蟌和金斑虎甲等肉食性昆虫，则有效地控制着某些昆虫的种群数量，同样对维护生态平衡起着重要作用。

西岭山纵贯富川南北，从远处眺望西岭山，山峰排列得整整齐齐，像一扇美丽的屏风。西岭山保护区良好的生态环境孕育了种类丰富的昆虫，是生态文明建设的重要成果。西岭山保护区内的资源有着很高的保护价值，需要得到公众的关注与保护。

西岭山之春，油桐花盛开，雨后雾气弥漫，溪水潺潺

遗落山林的珍宝

进入森林，需要放慢脚步，慢慢感受大自然中的飞瀑流云、古树奇藤和鸟语花香，因为美好的事物往往需要静下心来仔细观察和品味。

这是一只罕见的喀氏丽花萤，它的鞘翅带着金属光泽，样子有点像天牛，但身体更为柔软、细长。天牛会对树木造成危害，而喀氏丽花萤则不会，它是肉食性昆虫，弱小的蛾类等昆虫常常成为它的猎物。

此刻，喀氏丽花萤正栖息在蕨类植物上。一只小蚂蚁路过，用触角试探着喀氏丽花萤。喀氏丽花萤只是抖动身体，甩了甩，并不把蚂蚁当回事，若换成虎甲，已经一口把蚂蚁咬成两半了。

一只轴甲正在枯枝上睡觉。它鞘翅上密布的平行条纹闪耀着彩虹般的光泽，非常亮眼。轴甲是树栖拟步甲类的一个小类群，对分解朽木、促进物质循环、维护生态系统起重要作用，可谓森林的清道夫。

喀氏丽花萤与蚂蚁和平共处

正在枯枝上睡觉的轴甲，它的鞘翅上闪着五彩的光泽，令人惊艳

　　这是一只雄性狭长前锯锹。它因上颚细长而得名，外缘呈弧形。它喜欢在树干伤口处吸食流出来的树汁。幼虫腐食，栖食于朽木。雄性狭长前锯锹强大的上颚不是捕猎工具，而是对抗敌人的武器。

　　山中步甲很多，它们尤其喜欢在黄昏时出来觅食。步甲的鞘翅带有金属光泽，颜值很高。它们善于疾走，捕食如黏虫和蜗牛等，食量很大，于农林业有利。图中，步甲猎获了一条毛毛虫，正在慢慢享用。

　　野生动物是一种迷人的自然精灵，当它们那不可预知的野性爆发出来时，人们能从中捕捉到动物的本能。

朽木上的雄性狭长前锯锹，看起来威风凛凛

步甲猎获了一条毛毛虫，正在享用猎物

看！一只眼斑蟋螽低着头，正在蕨叶上休息。它的产卵器发达，呈镰刀状，显然是雌性。它通体油润，肉质坚实，宛如由玉石雕刻而成。眼斑蟋螽因面部中间有大大的单眼而得名，像传说中的二郎神一样有三只眼。它前足和中足长有锯刺，利于捕捉小昆虫。

眼斑蟋螽长得像蟋蟀和螽斯的混合体：身体像蟋蟀一样强壮结实，行动也非常灵活敏捷；同时又拥有螽斯般的宽大翅膀，还有超长的丝状触角。眼斑蟋螽若虫吐丝卷叶，白天躲藏其中，晚上才出来活动。若虫的警惕性很高，一旦感觉到危险，便会纵身一跳，消失得无影无踪，只留下一个空巢。

蟋螽若虫简陋的叶巢

一只步甲正在枯叶堆里吃毛毛虫，另一只步甲前来争夺。它们各自朝相反的方向拉扯，如同拔河比赛一样，势均力敌，难分胜负

蕨叶上的雌性眼斑螽螽，油亮油亮的，宛如由玉石雕刻而成

　　一只萤火虫停在草叶上，它的鞘翅艳丽，一对栉齿状的触角很漂亮。萤火虫是完全变态发育的昆虫，其幼虫分水栖和陆栖，水栖的幼虫捕食螺类、贝类和水中的小动物，而陆栖的幼虫则以蜗牛、蛞蝓为食物。成虫主要以花蜜和花粉为食，因此也能传播花粉。

　　萤火虫发光是荧光素在催化下发生的复杂生化反应，在这个反应过程中，会以光的形式释放能量。萤火虫的发光特性带给人类很多启示，人们从萤火虫的发光器中成功提取了荧光素和荧光素酶，通过分析了解其成分，再通过化学合成方法成功制备出这些物质，应用在发光设备上，大大提升了发光效率。

　　每到夏季的夜晚，萤火虫就会在丛林或田间一闪一闪，就像一个个小天使，引起人们无限遐想。但是由于现在河流污染严重，水栖萤火虫幼虫的生存环境已变得恶劣；加上开荒种地、农药的滥用，使得陆栖萤火虫幼虫的生存环境也受影响。

禾本科植物上的萤火虫

萤火虫展翅欲飞

　　丽叩甲俗称"叩头虫"或"磕头虫"，大多为蓝绿色，前胸背板和鞘翅周缘有金色和紫铜色光泽，喜欢吸食树汁。被猎物抓住时，它能正叩；翻倒在地六脚朝天时，它能反叩翻转：叩头虫正反皆能叩，故而得名。丽叩甲叩击时能发出响声，这是它们吓唬敌人的招数。

　　叶子上趴着一只绿天牛，它体形修长，头、胸上有精致的纹理，如同大自然细心雕刻出的艺术品，金绿色的身体具金属光泽。人们喜欢在月下花前谈情说爱，绿天牛则不然。阳光下、花丛中，绿天牛有的在取食花蜜，间接地为植物传粉，有的在追求异性。在人们的传统认知中，天牛幼虫是蛀蚀树木的害虫，但在生态系统完善的天然林中，它们往往扮演着病弱衰亡分解者的角色。

　　世间万物是相克相生的，并不是所有的昆虫都是害虫。在自然界中，每一个物种都有它存在的价值，是非功过，不一而足。

丽叩甲在吸食树汁

一只闲适的绿天牛

溪流边的小生灵

　　在广西富川西岭自治区级森林公园里有一条喧闹的小溪，小溪清澈见底、蜿蜒曲折，溪边生活着形形色色的昆虫，几乎每天都会发生有趣的事。

　　这是一只丽赤螨，它正在偷吃蛾卵。它穿着红衣服，鬼鬼祟祟的。枯枝上密密麻麻的蛾卵，被它咬破了不少，恐怕它要吃光这些蛾卵才肯罢休。为什么能确定这些是蛾卵呢？原来，蛾一般聚产，卵比较光滑；而蝴蝶一般散产，卵上有复杂的纹路。

　　在这一棵云实上，一只雄性三带天牛在疯狂地追求异性。但这只雌性三带天牛只顾吃东西，根本不理它。它就死赖在姑娘的背上，让强壮的姑娘背着自己走。一次，它在转弯处不小心掉了下来，又马上爬上去，但是方向弄反了。

　　后来，姑娘也许是吃饱了，也许是被它的执着所打动，终于动了芳心。它们把触角放平（平时都是举起来的），一副情投意合的样子。

丽赤螨在取食蛾卵。丽赤螨属于蛛形纲, 肉食性, 较凶猛, 捕食有害的螨虫以及红蜘蛛等, 可以保护果林不受虫害

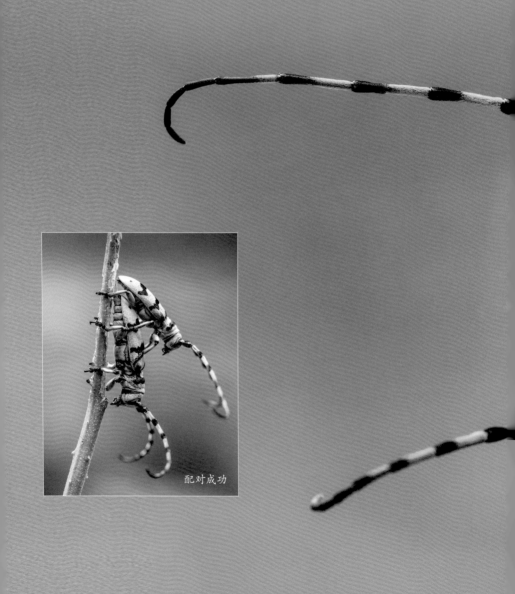

配对成功

云实枝条上的三带天牛

蕨幼叶蜷曲着还没有展开，一只雄性二齿尾溪螅停在上面，它有一双乌黑发亮的大眼睛。此情此景，令人想起宋代诗人杨万里的诗句，"小荷才露尖尖角，早有蜻蜓立上头。"只不过小荷换成了蕨幼叶，蜻蜓换成了二齿尾溪螅，意境是一样的。它时而打开翅膀，时而合拢翅膀，不时起飞和降落，眨眼间就捕获了一只小飞蛾。

一般来说，在昆虫的世界里，雄性会比雌性更漂亮，但二齿尾溪螅却不一样，雌性二齿尾溪螅的体色比雄性二齿尾溪螅的稍微艳丽。雄性二齿尾溪螅面部黑色，上唇和面部侧面具蓝灰色粉霜，翅膀稍染褐色，末梢具小白斑，腹部黑色，栖息于海拔 2500 米以下森林中的溪流。这只雌性二齿尾溪螅栖息在溪边的藤蔓上，逆光下，它的翅膀折射出绚烂的色彩，似乎在和藤蔓比美。二齿尾溪螅警惕性不高，不是很怕人类。

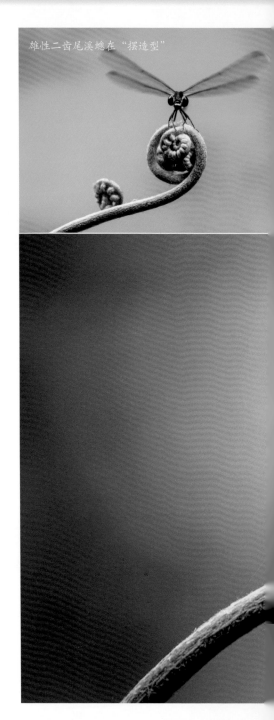

雄性二齿尾溪螅在"摆造型"

蕨幼叶上的雄性二齿尾溪螅

雌性二齿尾溪螅，身体黑色，腹部具黄色条纹

　　树枝上，两只雌性中华斧螳在打架，打得难解难分。
它们深知对手的手段，互相用前足固定住对方的头部，
使对方不能转动，也不能咬到自己。有一只中华斧螳的
翅膀有点散乱，略占下风。在附近的枝条上，有一个卵鞘，
是那只略占下风的中华斧螳产的，它刚产卵不久，体力
不支。它们从树枝打到树干，位置移动了，但抵住对方
头部的前足却一直不敢松开，老半天也决不出胜负。

两只中华斧螳在"火拼"，下面一只的翅膀散开，略占下风

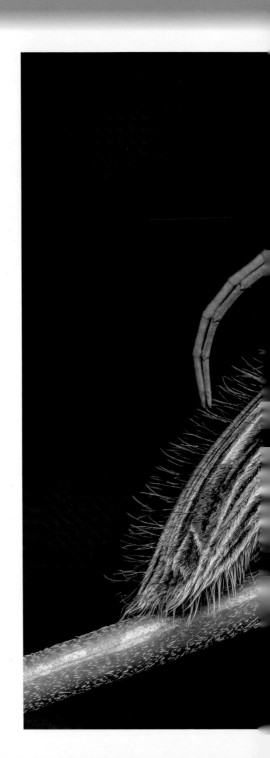

　　在小溪边，还会遇到其他有趣的昆虫。或是一只全身密被浓厚长绒毛、远看不像天牛而像朽木的竖毛蓑天牛。它长相奇特，鞘翅绒毛浅黄色、金黄色、棕褐色及黑褐色，组成深浅色相间的细纵条纹，如同穿着一件蓑衣，远看就像一节朽木。竖毛蓑天牛雌虫与雄虫的触角长短差异不大，均短于身体。其幼虫钻蛀树木韧皮部及木质部危害，成虫多在嫩枝上取食补充营养。它现在正在绿枝上休息，仿佛在等待着什么。如果它歇在枯枝上，便能很好地隐藏自己，欺骗天敌。

　　或是黑弄蝶宝宝和它用薯蓣叶子做的叶巢。平时，黑弄蝶宝宝会躲在里面，吃叶子的时候才出来，这样被捕食或寄生的概率可大大减小。

歇在枝条上的竖毛襄天牛

或是一只活泼爱动的领木蜂，在草叶上时而飞起，时而降落，不肯停下来好好采蜜，仿佛过于贪玩，没有它的近亲蜜蜂勤劳。木蜂因其多数种类会在干燥的木材或是竹竿中凿孔洞筑巢而得名。

或是在冬天，遇到在枝头懒洋洋晒太阳的棕马蜂，它的触角断了一根，如同垂暮之人，失去了昔日的威风，偶尔脚动一下，表明它还活着。

掀开叶子一睹黑弄蝶宝宝的真容，它长期不见阳光的表皮很细嫩，嫩得可以掐得出水来。黑弄蝶成虫飞行速度快，行动敏捷，喜食花蜜、动物排泄物及湿地水分；幼虫以豆类及禾草类植物为食，常将叶子卷折结网，并在里面生活

触角
胸部
复眼
前翅
喙
腹部
前足
后足
中足

领木蜂身体结构

触角
单眼
复眼
额
唇基
上唇
上颚
刚毛

领木蜂头部结构

棕马蜂是体形最大的马蜂

　　冬去春来，路边的一片大叶子背面藏着蛾的卵块。碧绿的叶子上，一粒一粒的蛾卵闪着柔和的光，圆润饱满，像一颗颗珍珠。这可不能被丽赤螨碰见，丽赤螨要是看见了，这些蛾卵就要遭殃了。天气渐渐转暖，十天后蛾卵孵化了。蛾宝宝毛茸茸的，身体半透明，较早孵化出来的蛾宝宝已经在吃淡绿色的卵壳了。有些卵还没开始孵化，但已经变成橙黄色，表明离孵化不远了。

　　山谷里的一泓碧水竟然哺育了这么多美妙的小生灵。若森林被砍伐或被烧毁，山泉被污染，这一切将不复存在，将来人们只能从照片上看到它们，这将是多么令人遗憾！

藏在叶子背面的蛾卵块

蛾卵块正在孵化，看起来场面有点混乱

郊外寻虫记

　　熟悉的地方没有风景？未必。法国艺术家罗丹说得好：生活中并不缺少美，而是缺少一双发现美的眼睛。郊外也潜伏着昆虫，在等待一双善于发现的眼睛。

　　静下心来，把脚步放慢一点，在草丛中蹲下身来，微观世界的大门就会向你敞开。

　　蚱蝉就是人们常说的知了，城里城外常见。它长相平平，羽化时却异常美丽。蚱蝉小时候在地下生活，以吸取植物根须的汁液为生，在树上歌唱的时间很短。

蚱蝉老熟若虫从裂开的旧壳背部钻出来，开始羽化，此时翅膀发皱

黄蚱蝉顺利羽化，正在晾翅膀

在柑橘园附近，很容易看到柑橘凤蝶。它们拖着长长的尾突，扇动带条纹的翅膀，在草丛中翩翩起舞。有时能看到柑橘凤蝶在尾尾相接。图中这一对"情侣"挂在草上交尾，它们的翅膀平放，这是极为少见的，因为大部分蝴蝶交尾时翅膀都是合拢的。

柑橘凤蝶在交配

水牛喜欢在烂泥坑里洗泥浴，离开后，水坑散发出一股骚味，吸引了几只柑橘凤蝶。它们的翅膀合拢着竖立在背上，时而轻轻扇动，似乎很兴奋。它们伸出发条状的口器，摄取潮湿泥土中的盐分和矿物质，久久不离去，比访花还认真。

柑橘凤蝶在吸水。其体、翅的颜色随季节不同而变化，翅膀上的花纹黄绿色或黄白色。左边一只羽化不久，翅膀崭新；右边一只已经羽化很久，翅膀旧了，宛如穿着一件褪色的旧衣服太阳刚刚爬上山头，一只美眼蛱蝶在野草上晒太阳，还没开始一天的活动。它的双翅背面是橙黄色，四个眼斑大小不一，色彩和线条的设计感十足。大眼斑模仿的是猫头鹰的大眼睛，足以吓退鸟儿之类的天敌。

美眼蛱蝶分为夏型和秋型：夏型翅缘较整齐，翅膀反面眼斑明显；秋型翅缘有突起，翅膀反面呈枯叶状。它腹面的斑纹素淡，眼斑较小；背面和腹面色彩差别大，是为了保护自己。开翅时暴露面积大，用的是吓阻的策

美眼蛱蝶背面。美眼蛱蝶翅膀为橙红色，前后翅外缘各有3条黑褐色波状线，翅面各有2个眼斑，前翅眼斑上小下大，后翅眼斑上大下小

美眼蛱蝶的腹面

略；收翅时暴露面积相对小，褐色的腹面不醒目，用的是伪装的策略。

仔细搜索，在河边可以发现蜉蝣，甚至更远的地方，都有它纤弱的身影。蜉蝣是一类古老的昆虫，被认为是活化石之一。它们的翅膀不能折叠。因成虫波浪式飞行，似浮游状而得名。 蜉蝣对环境的敏感度高，因此蜉蝣数量可作为衡量环境污染程度的标尺。蜉蝣的稚虫期从数月至 1 年或 1 年以上不等。成虫不进食，一般只活几小时至数天，这就是成语"朝生暮死"的由来。

水边的蜉蝣，阳光穿透了它的翅膀

清晨，可以遇到蜻蜓羽化。刚出来的蜻蜓成虫身体柔弱，要经过数小时的体壳硬化。随着体液循环，发皱的翅膀慢慢伸张挺直，体色与斑纹也逐渐鲜明。晾干翅膀后，蜻蜓像一架直升机升空飞离，而在此之前，它只能走动几步。

蜻蜓换下的旧装

刚羽化的闪蓝丽大伪蜻，正在晾翅膀，它腹部黑色，饰有黄斑。闪蓝丽大伪蜻的飞行能力极强，被称为"巡洋舰"，雄性闪蓝丽大伪蜻可以沿着水面边缘巡逻一整天。闪蓝丽大伪蜻幼虫的食物主要是蜉蝣稚虫、蚊类幼虫或同类的其他个体，甚至蝌蚪及小鱼。它是有益于人类的重要昆虫和水质环境指示生物。

正在羽化的
闪蓝丽大伪蜻

在水边的草丛中，还可以遇见豆娘。豆娘是蜻蜓的近亲，和蜻蜓相比，两眼分得更开，身材更苗条。停栖时，豆娘的翅膀合拢立在背上，蜻蜓的翅膀则是平展在身体两侧。豆娘的交配姿态是动物界中最特殊的，它们环式连接成漂亮的心形，仿佛象征着美好的爱情。

豆娘的心形交配

中单眼
复眼
额
上唇
侧单眼
触角
唇基
上颚

蜻蜓头部结构

　　在小路旁一片片宽大的绿叶上，聚集着一群群角盾蝽。它们的背板像古代的盾，因而得名。角盾蝽受惊时会释放出一种刺鼻的气味。它们艳丽的体色是一种警戒色，提醒天敌：我不是好惹的！

　　角盾蝽黄色的卵呈六边形排列，临近孵化时变成红色。雌性角盾蝽会趴在卵上守护，当卵孵化后还会继续守护一段时间，就像母鸡护雏一样。角盾蝽宝宝也很乖，在叶子上过集体生活，不乱跑，不打闹。

角盾蝽在交配

呈六边形排列的角盾蝽卵，
被肉食性昆虫咬破了几个

喜欢群居的角盾蝽若虫

　　一个柑橘园因黄龙病被废弃，里面杂草疯长，成了
中稻缘蝽的乐园。可能是因为人类滥施农药把它的天敌

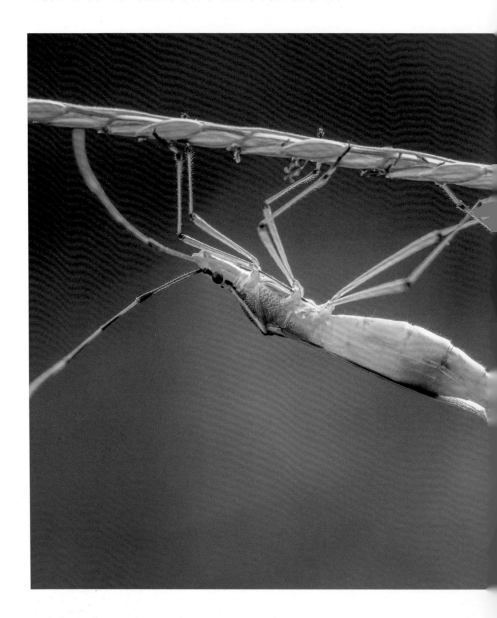

杀死了，废弃柑橘园中的中稻缘蝽非常多，有的栖息在野花上，有的挂在草上尾尾相接。

中稻缘蝽在交配

狗娃花上的中稻缘蝽，它身材苗条，分布于南方水稻产区，
酷爱禾本科植物，除了水稻，还喜欢吸食狗尾草的汁液

　　菜地边的枯枝上，一只苍蝇腹部弯曲，骑跨在另一只苍蝇的背上，在享受属于它们的黄金时刻。苍蝇的繁殖能力很强，一年可繁殖 10 ～ 12 代。某些苍蝇喜欢吸食花蜜，扮演着为果树传粉的角色。

　　苍蝇、稻棘缘蝽和中稻缘蝽等昆虫的名声很坏。其实，在稳定的生态环境中，所有的生物都是良性生态链的一环，只有当环境被破坏时，它们才有可能成为灾害。

　　蚂蚁就更多了，地上和植物上都有。花间的这只蚂蚁不是在赏花，而是在采集蚜虫分泌的蜜露。

苍蝇在交配

蚂蚁在花间采集蜜露

　　白花鬼针草上的褐斑异痣蟌，野鸡冠花上的稻棘缘蝽，荆条上的异丽金龟，刺儿菜上的七星瓢虫，植物的静与昆虫的动形成了一幅幅有趣的画面。

　　在郊外不起眼的地方，只要你有足够的耐心，即便是一只最常见的昆虫，也会观察到有趣的画面。不同的角度、光线和环境，所呈现的效果也不同，就看你能否把握最佳时机，发现普通昆虫身上的闪光点。

褐斑异痣蟌（雌性）在制高点守护它的地盘

野鸡冠花上的稻棘缘蝽

荆条上的两只异丽金龟

准备在刺儿菜上过夜的七星瓢虫

个性家族：身怀绝技的小生灵

　　昆虫是地球上演化最成功、物种最丰富的生物，每一种昆虫都有令人印象深刻的特质。在长期的演化过程中，一些昆虫的身体发生特化。伪装是驱动身体特化的因素之一，例如身体和足的表皮呈扁平状延伸的叶䗛。

　　一位 80 千克级的举重冠军，大约能举起重量为自身体重 3 倍的重物，而黄猄蚁能叼起相当于自身体重 160 倍的重物，可谓顶级大力士。雄性天蛾能在十几千米以外嗅到雌性天蛾发出的信息，其嗅觉比狗的鼻子还灵敏。

微信 / 抖音扫码

天空的一抹紫色幻彩

冬日清晨，远山笼罩着薄雾。临近中午，山脚的雾已消散。路旁的黄花丛中，无数蝴蝶频繁访花，争先恐后，此起彼伏，宛如涌起阵阵波浪。

这是鹅掌柴的花，是冬季南方蝴蝶的主要蜜源植物之一。花开得黄灿灿的，散发着淡淡的清香。前来采蜜的蝴蝶几乎清一色是蓝点紫斑蝶，属于鳞翅目蛱蝶科，是一种中大型蝴蝶，分布于我国华南和西南地区。顾名思义，这种蝴蝶的翅膀在阳光下会泛出紫蓝色的金属光泽。作为斑蝶家族的一员，它们有着与众不同的气质，主要体现在飞行姿态上。它翩飞时翅膀扇动频率较低，因而看起来像在空中滑翔，飞行时紫蓝色金属光泽闪烁，十分的灵动。

鹅掌柴上的盛宴，众多的蓝点紫斑蝶在吸食花蜜

蓝点紫斑蝶妈妈寻找到羊角拗，停下来，轻轻扇动翅膀，只见它腹部一弯，在叶子背面快速产下一枚卵。然后慢悠悠地换地方，重复一遍刚才的动作。这哪里是在产卵，分明是在跳舞！不像苎麻珍蝶的聚产，太累太危险，不但自己容易被天敌盯上，而且卵块容易被天敌一锅端。蓝点紫斑蝶的单产，不仅保证了后代的存活率，还可避免幼虫互相争食。仔细看，它的卵呈奶黄色，子弹头形，上面有刻点。

羊角拗叶子上的蓝点紫斑蝶卵

蓝点紫斑蝶幼虫头部黑色，身体黄色，胸部和腹部长有 4 对线状附属物，高龄幼虫的附属物长而弯曲，模样更令人恐惧。它们取食羊角拗叶片，这是一种有毒的植物。它们吃了之后毒素会积蓄在体内，因此天敌不敢轻易对它们下手。斑蝶属的其他蝴蝶看到亲戚如此了得，纷纷模仿它的装扮，以期躲避天敌的捕食，从而专心养育后代。

蓝点紫斑蝶幼虫比凤蝶幼虫瘦一些，也相对活泼一些。蓝点紫斑蝶幼虫的警戒色和唬人的附属物足以吓退捕食者，因此它们敢大摇大摆地活动。而凤蝶幼虫身体为绿色，便于隐藏在绿色植物中，它们不敢乱动，走的是相反的路子。

筒天牛也在羊角拗上生活，它们啃咬树皮，导致树梢枯萎，而蓝点紫斑蝶幼虫只吃叶子。且蓝点紫斑蝶的产卵模式是单产，往往一棵树上只有一两只幼虫，对寄主植物的破坏相对较小。

蓝点紫斑蝶高龄幼虫，
它的附属物长而弯曲

　　蓝点紫斑蝶老熟幼虫爬离寄主，到附近化蛹。蛹初为奶白色，后逐渐变黄，并产生金属光泽。它的蛹属于金蛹，圆润光洁，宛如宝玉镶金、浑然天成的一个吊坠，用它美丽的外表时刻提醒觊觎者：别惹我，我有毒！

　　化蛹后，随着时间的推移，蛹体颜色逐渐加深。羽化前夕会分泌一种液体，使蛹壳和蛹体分离。蓝点紫斑蝶破蛹后会吊在那里晾翅膀，会从尾部排出几滴浑浊的废水。

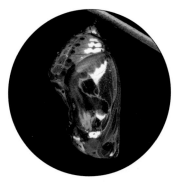

闪着美丽金属光泽的金蛹

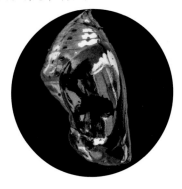

羽化前夕，蛹体发黑

蓝点紫斑蝶发皱的翅膀变得平展，羽化成功

翅膀晾干后，蓝点紫斑蝶才能远距离飞行，才能觅食、求偶和逃避敌害。蓝点紫斑蝶生性好热闹，它们从四面八方飞来聚在一起，常常统一行动。在溪边、花丛和空中，很容易看到它们的舞姿，场面很是壮观。

蓝点紫斑蝶成虫的黑褐色翅膀上饰有很多白色斑点，黑白分明，能给捕食者留下深刻的印象。鸟儿误食后会不舒服，甚至呕吐，以后便不敢再造次。蓝点紫斑蝶有时会不慎撞上蜘蛛网被困住，但一般来说，蜘蛛怕中毒也不敢吃它们。

蓝点紫斑蝶被蜘蛛网困住，难逃一死

可见，蓝点紫斑蝶的警戒系统非常完善，做到幼虫期、蛹期和成虫期全覆盖。在蝴蝶界要比求生手段，若蓝点紫斑蝶称第二，谁敢称第一？

试想在远古，面对强敌，一些蝴蝶幼虫为了种族的生存，不惜以身试毒，这看上去是一种十分悲壮的牺牲自己保护同类的方法。幼虫把寄主的毒素一点点积累在体内，当鸟儿误食自己后，会产生恶心呕吐的反应，下次就不敢冒险尝试。可能有多种蝴蝶幼虫尝试吃有毒的植物，但大都不适应，只有蓝点紫斑蝶和红锯蛱蝶等少数幼虫能适应。

物竞天择，适者生存。在长期的演化过程中，蓝点紫斑蝶逐渐获得了较强的防御本领，种族得以繁衍壮大。科学研究表明，蓝点紫斑蝶具有独特的遗传代谢机制，其自身不会中毒。

河滩上，成群的雄性蓝点紫斑蝶在吸取潮湿泥沙里的矿物质，以利繁殖。它们伸出长长的喙，吸啊吸，一待就是老半天，比鸡啄米还有耐心。此外，雄性蓝点紫斑蝶喜欢吸食藿香蓟的花蜜，以便制造吸引雌性蓝点紫斑蝶的香气。藿香蓟的花序为伞房状，花朵淡紫色，成群的黑蝶飞舞其间，非常醒目。粗叶悬钩子撑着聚伞状花序，花朵白色，蓝点紫斑蝶也很喜欢。两种野花漫山遍野都是，保证了蓝点紫斑蝶的食物来源，保证了它们飞行需要的能量。

蓝点紫斑蝶平时活跃于树林或林中空地。冬天来临，有的就地越冬，聚集在密林或山坳处避风，有的长途迁徙到温暖地区越冬。

蓝点紫斑蝶取食有毒的植物，具有独特的生物学特征，自我保护能力很强，往往成为其他蝶类的模仿对象，说明其在进化上有一定优势，因而在毒理研究、生态研究和遗传研究等方面都有价值。

雨后，蓝点紫斑蝶飞向粗叶悬钩子

蓝点紫斑蝶在石滩上群集吸水

蓝点紫斑蝶在吸食藿香蓟的花蜜

伪装高手

鲁迅的散文《从百草园到三味书屋》提到的"怪哉"，其实是竹节虫。竹节虫是著名的拟态大师，善于模仿竹节、树枝或叶子，行动缓慢，大部分分布在我国南方地区。竹节虫的寿命 1 ～ 1.5 年，在昆虫中属于长寿的。

竹节虫是不完全变态昆虫，一生分为三个阶段：卵、若虫和成虫。若虫的形态和成虫近似，但某些器官还没有发育成熟，需要经过几次蜕皮才能长大变为成虫。

竹节虫种类繁多，产卵方式也多样：有的散产，从树枝上撒落到林间地表，混杂在枯枝落叶或杂草丛中，难以辨识，因此能躲过天敌的捕食；有的聚产，会用分泌物将卵粘于植物上，似乎不喜欢脏乱差的地面环境；有的极似蝗虫，将腹端插入疏松的沙土，并产卵于其中，然后用足拨土埋上，隐蔽性很强。

初产的卵颜色很浅，随着时间的推移慢慢加深。竹节虫的卵期长达 40 ～ 80 天，其卵也比一般昆虫的大，其中玛异蟠的卵有一粒米那么大。

深秋的早晨，从树缝漏下来的阳光照亮了正在孵化的玛异蟠卵，给了它们温暖。三个小生命顶开卵盖爬出

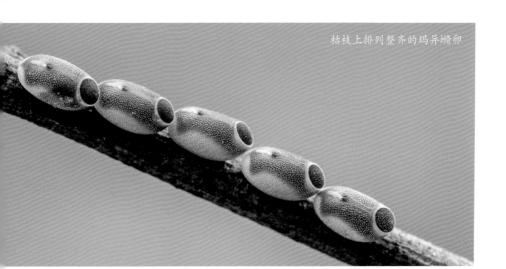

枯枝上排列整齐的玛异蝽卵

刚孵化的玛异蝽若虫，生命初始。有一只若虫被蚂蚁咬住，恐怕凶多吉少

来，遇到空气后身体慢慢变大，折叠的身体舒展开来。有一只不幸被蚂蚁咬住，恐怕凶多吉少。树皮的粗糙与若虫的稚嫩形成了鲜明的对比。

这是一只栖息在枯枝上的长角枝蝽若虫。它体色淡黄，细长的脚和触角是并拢的。逆光下，若虫宝宝稚嫩的身体呈半透明，质感很强。然而在这种毫无遮拦的环境下，很容易被天敌发现，看来它还不谙世事。

若虫需要经过 3～6 次蜕皮才能长大。刚蜕皮时体色很浅，休息好后体色会慢慢加深。当若虫不再蜕皮或者长出翅膀时，就变成成虫了。

长角枝蝽若虫

山路旁，一只皮蝽在枯枝上"换装"。它的身体笔直，旧装在重力的作用下弯成一个漂亮的弧形。它的体色近似枯枝的颜色，以更好地隐藏自己。它吊在上面很久才把身体晾干，然后才可以走动，最后离开了。

一株植物上藏着一只玛异蝽若虫，不细看很难发现它。它的六足和触角都很细长，上面饰有白斑，身体细长并分节，模仿植物的茎。植株的叶片不大，却是它的栖身之所，二者颜色非常接近。尽管食量不算大，但叶子全都被它吃残缺了。竹节虫一般白天静伏在植物上，晚上取食叶子。

松林里，一只壮硕的竹节虫背着一只瘦小的竹节虫。它们把树枝模仿得惟妙惟肖，它们的触角有松针那么长。这是竹节虫爸爸背着宝宝玩吗？不是，这是小丈夫和大老婆，是一对竹节虫"夫妻"，小的是雄性，大的是雌性。这种竹节虫叫股蝽，是典型的雌雄二型，颜色差别很大。

中国巨竹节虫属于佛蝽属，长达 62.4 厘米，打破了在马来西亚发现的另一种巨型竹节虫 56.7 厘米的记录，比龙州佛蝽长 18 厘米，是新的世界最长昆虫种类。

中国巨竹节虫不但善于隐藏，还会预防自己被发现。蜕皮之后，它会津津有味地啃食自己的旧皮，这让掠食者无法通过挂在树上的旧皮推断它们的存在。它小时候体色为绿色，长大后变成褐色，身体细长，一生都在模仿粗细不同的树枝。

竹节虫的眼睛很小，头顶有两根触角，其头部几乎与身体等宽，细长而分明的身体极似竹枝。别看脑袋小，

皮蠊的旧装在重力作用下弯成一个漂亮的弧形

玛异䗛若虫和它的寄主

松林里的竹节虫（股螳）夫妻

它并不缺乏生存智慧。除了擅长隐身术，遇到危险它能
装死，有的还能放毒。在风中，它还会随着叶片一起摇晃。
受伤害时，竹节虫若虫的足可以自行脱落，而且可以再
生，宛如树枝抽出新芽。它还能根据光线、湿度和温度
的差异改变体色，让自身完全融入周围的环境中，使鸟
类、蜘蛛和蜥蜴等天敌难以发现它的存在。

隐藏在叶间的佛蝗低龄若
虫，体色跟成虫差异大

佛蝗若虫，体色由绿色变
成褐色，在绿色的藤蔓上
容易暴露目标

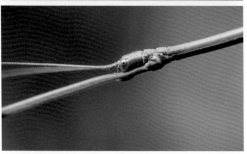

竹节虫（长角棒蝗）的头部

佛蝝成虫，体色和枯枝颜色一致，因此难以被发现

神行太保

　　有一种昆虫"虎味"十足，不仅名字中带"虎"字，而且跟老虎一样威风，它就是昆虫中的猛虎——虎甲。虎甲吃起东西来狼吞虎咽，因此得名。

　　虎甲科昆虫广布于世界各地，其中以虎甲属包含的种类最多。我国已知160多种，广西十万大山地区有虎甲科4属20种，其中有中国新纪录4种。

　　金斑虎甲犹如《水浒传》里的神行太保，是陆地上奔跑最快的生物（按体长比例计算），每秒钟可以移动其体长的171倍的距离。如果按照比例将金斑虎甲放大到与人类身高相当的大小，那么其奔跑速度可达每小时1000千米，基本相当于一般民航客机的巡航速度。

　　在山路上，当你靠近它时，它会沿路向前飞行几米再落下，待你继续靠近时，它会再次向前飞行一小段距离后停落，仿佛在跟人嬉闹，因此，金斑虎甲又有"引路虫"的称号。

　　金斑虎甲眼睛大而突出，视力好，如镰刀般锋利的上颚是捕猎工具。它体色艳丽，具有金属光泽。鞘翅上

奔跑速度极快的金斑虎甲

金斑虎甲正面。清晨，这只金斑虎甲歇在叶子上，还没下到地面开始一天的活动

有 6 个白色斑点，左右对称分布。金斑虎甲在我国主要
分布于南方地区。晚上，金斑虎甲会爬到植物上过夜，
这样可躲避蛇和蜥蜴等天敌的捕食。在广西大桂山鳄蜥
国家级自然保护区内，一片宽大的叶子上聚集着好几只
金斑虎甲，这样可以互相壮胆。白天，金斑虎甲喜欢在
开阔的沙地上活动，有的在觅食，有的在求偶。在左下
图中，一只雄性金斑虎甲骑在一只雌性金斑虎甲的背上，
还用上颚咬住不放松，它的触角断了一条，头部缠着的
蜘蛛网也不清理，一看就是"莽汉"。

　　一只暗斑虎甲大白天也在叶子上睡大觉。暗斑虎甲
身形小，体色暗淡，比较懒散，不广为人知。跟金光闪
闪的金斑虎甲相比，暗斑虎甲显得暗淡粗糙，仿佛是蹩
脚的陶艺师没上好釉。

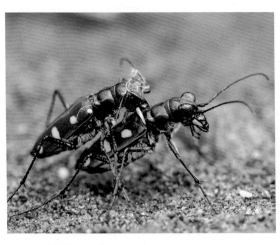

金斑虎甲在沙滩上配对

在叶子上睡觉的暗斑虎甲

清晨，栖息在枝条上的金斑虎甲还没下到地面活动

光端缺翅虎甲的 2 个鞘翅在中缝处愈合，模仿的是强势昆虫蚂蚁，弥补了不能飞行的缺陷。它活泼好动，喜欢到处搜寻猎物，好像总吃不饱。此刻，一对光端缺翅虎甲在枯枝上配对成功，静静地享受它们的黄金时刻。

虎甲幼虫深居垂直的洞穴中，有时洞穴深达 1 米。虎甲幼虫会在穴口等候猎物，这些猎物通常包括昆虫和蜘蛛，一旦猎物出现，它们便用镰刀状的上颚捕捉猎物。虎甲幼虫背部有一对倒钩可钩挂住洞壁，防止自身被拉出洞外。虎甲幼虫捕获猎物后，猎物被拖回穴底食用，食物残渣则被清理出洞外。

虎甲幼虫身体呈 S 形，头胸大，强烈骨化，上颚强大，背部有驼峰状凸起，又称"骆驼虫"。骆驼虫给很多人的童年时代增添了欢乐，过去民间流行一种"钓骆驼"的游戏，主角就是骆驼虫。每年夏初，在沙土地上，会出现不少圆圆的小土洞。找一些新鲜草茎，把草茎小心地伸到洞里面，全神贯注地等待"骆驼"上钩。当发现草茎轻微颤动时，就说明"骆驼"上钩了！把草茎迅速抽出来，一条身体是米黄色、头部是土褐色的虎甲幼虫就被钓了上来。

"钓骆驼"这种游戏，无论是我国南方还是北方都一度很流行，而且有着十分悠久的历史。时过境迁，现在人们已经不玩这种游戏了。

如今，虎甲的种群数量在减少，虎甲越发显得珍贵。不过在害虫生物防治中，它们仍被用作捕食性天敌，这是因为它的捕食范围较广。

光端缺翅虎甲在享受它们的黄金时刻

臭大姐传奇

蝽俗称"臭大姐""臭屁虫"。遇到危险时，它会从臭腺释放出难闻的气味，如同军队作战时施放毒气，然后乘机逃跑。凭这一绝技，蝽独步江湖，形成一个庞大的家族，在我国有 500 多种，行踪遍及大江南北。

清晨，猫儿山脚一片宽大的叶子上，歇着一只斑缘巨蝽。叶子和它的身上都凝结了露珠。斑缘巨蝽块头大，后足粗壮，像一位壮汉，但它不爱活动。

一般蝽的小盾片是三角形的，而盾蝽的小盾片发达，覆盖了整个背面，像冷兵器时代的盾。盾蝽也被称为"宝石昆虫"，它有艳丽的花纹，常被人当成漂亮的甲虫捕捉。亮盾蝽和紫蓝丽盾蝽等具有艳丽的体色以及强烈的金属光泽，如宝石一般绚丽。紫蓝丽盾蝽的前胸背板有 8 个黑斑，可与前者区分开来，并且它较为警觉，不容易接近。

秋天，河边的一片叶子上，聚集着 3 只金绿宽盾蝽末龄若虫。它们近半球形，像大熊猫一样黑白配色，闪着光泽。至于成虫，色彩靓丽，体背有荧光感，是最令人惊艳的种类之一，有别于人们对臭大姐的刻板印象。

叶子上的斑缘巨蝽

如宝石一般绚丽的亮盾蝽

金绿宽盾蝽末龄若虫，喜欢群居

　　下图中的 3 只油茶宽盾蝽像是一家子，一个大人带着两个小孩，穿着艳丽的亲子装，享受着天伦之乐。若虫粉嫩的模样很好看，成虫漂亮得就像印象派大师的画作。

油茶叶子上的油茶宽盾蝽若虫和成虫（右上）

　　桑宽盾蝽的体色是温暖的橘色，前胸背板和小盾片上都分布着蓝色的斑点，斑点周围还有一圈黑色的花纹。它们以吸食桑树和油茶等的树汁为生。

　　而桑宽盾蝽的另一色型，则是具银白色的斑点，这类色型没有这么亮眼，也不多见。

叶子上的桑宽盾蝽

　　龟蝽的小盾片也很发达，几乎将腹部和翅膀全都覆盖了。龟蝽尾端平截，形成小头大屁股的身材，样子和乌龟相似。龟蝽喜欢群居，有时一棵树上有几百只，有密集恐惧症的人要小心了。

藤蔓上的龟蝽，有两对在尾尾相接，还有一个"单身汉"

　　长蝽多为长椭圆形，多数衣着低调朴素，像一个灰姑娘。新长蝽的穿衣打扮风格则截然不同，衣着前卫开放，喜欢红黑搭配，活脱脱一个红衣少女。这种有警戒意味的颜色，使得天敌不敢靠近。

　　羊角拗是一种有毒的植物，新长蝽吸食它的树汁，把毒素积蓄在体内，天敌一旦误食，便会遭殃。可见，新长蝽的警戒色绝不是吓唬而已，加上它的"化学武器"，防御本领极强，使新长蝽家族得以兴旺发达。新长蝽喜欢群居，常常成虫和若虫一起吸食树汁。

　　广西常见的蝽类有麻皮蝽、菜蝽、中稻缘蝽、角盾蝽、油茶宽盾蝽等，盛产荔枝和龙眼的热带地区常见荔蝽。

羊角拗上的新长蝽，枝条上的伤痕是它造成的

菜蝽打扮得如脸谱般花哨，身体夹杂着红色、黄色或黑色的斑。图中这只更甚，甚至还有白色的斑。菜蝽种群数量极大，在我国分布广泛，在白菜和萝卜等十字花科作物上尤其容易被发现。

枝条上活泼好动的菜蝽

除了拥有"化学武器"，月肩奇缘蝽和齿缘刺猎蝽等还会隐身术，它们会模仿枯叶或荆棘。

月肩奇缘蝽的前胸背板侧角特化成枯叶状，当它穿上暗褐色的服装，在枯叶堆里待着不动时，很难被天敌发现。有的缘蝽后足也特化，有的则是侧接缘延伸成裙边状，想让身体变得更宽大些，更好地装扮成枯叶。可惜图中这只月肩奇缘蝽到处乱跑，太危险了！

绿叶上的月肩奇缘蝽，好像走错了地方

　　齿缘刺猎蝽身上长着 10 根刺，大小不一，大概是在模仿荆棘。它们喜欢栖息在具有尖锐刺突和丰富腺毛的植物上，遇到危险时就装死，毕竟它不善飞行，逃是逃不掉的。模仿荆棘利于齿缘刺猪蝽抵御外敌，但这样不方便和配偶亲热，因为一不小心就会扎伤对方。

一对齿缘刺猎蝽在交配

　　大部分蝽都是吃素的，只有小部分是吃荤的，比如猎蝽和蝎蝽，还有一些是杂食的。

　　白斑素猎蝽身体细长，有 6 条大长腿，小盾片及前翅革质部分密布大小不一的白色绒毛状斑点。不要因为它穿了一件"发霉"的衣服就小看它，其实它是一个厉害的角色。

　　螳螂擅长伏击，而猎蝽擅长偷袭。得手后，猎蝽会用钢针一样的口器刺入猎物的身体，慢慢吸食猎物的体液。

叶子上的白斑素猎蝽，十分罕见

蠋蝽又名"蠋敌"，蠋指毛虫，蠋蝽是毛虫的天敌。它块头小，相貌平平，却能以小胜大，是个捕猎能手。有的地方会饲养一些蠋蝽投放到农田里，利用它们消灭害虫。图中一只蠋蝽躲在叶子背面，倒挂着身体吸食一只毛虫。

蝽是不完全变态昆虫，发育分为卵、若虫和成虫三个阶段。蝽类的发育属于渐变态，若虫和成虫外形相似，不像蝴蝶那样需要经过蛹的阶段。

麻皮蝽成虫黑褐色，密布细碎不规则的黄斑，就像长了一身麻子，远观整体呈灰褐色，与树皮颜色相近。但麻皮蝽的低龄若虫很漂亮，穿一件橙红色的条纹衣服。麻皮蝽在我国从北到南都有分布，可能与它们不挑食有关。麻皮蝽的卵是聚产，一共12粒。初产的卵为淡黄色，随着时间的推移，颜色慢慢加深。即将孵化时，卵上显露出一个黑色的三角形开盖工具。刚孵化时，若虫横七竖八，场面混乱不堪。孵化后的第二天，若虫就很乖了，不乱动，在空壳旁围成一圈，以警示天敌。

麻皮蝽若虫用刺吸式口器吸食植物汁液，逐渐长大。当若虫感到服装太紧时，就得换装。经过几次换装，它终于长出翅膀，穿上黄斑大衣。麻皮蝽各龄若虫均呈扁洋梨形，前尖后浑圆，成虫的头十分尖长。

林子大了什么鸟儿都有。蝽的家族太大、太复杂了，极少数脾气暴躁、乱喝乱拉的影响极坏，使得整个家族都被扣上"臭大姐"的帽子。对此，它们或许也曾自惭形秽，但脑袋虽小，还不至于笨到看人脸色、自废武功的地步。天生我材必有用，臭大姐在昆虫江湖上几度沉浮，终笑到最后，成为独树一帜的大姐大。

一只蝎蝽倒挂着吸食毛虫

麻皮蝽即将孵化的
卵块，排列整齐

刚孵化的若虫，
场面混乱

若虫在空壳旁围成
一圈，以警示天敌

刚蜕皮的麻皮蝽若虫，体色粉
嫩，过段时间体色会慢慢变黑

麻皮蝽成虫，头部变得尖而长

乐师的私密生活

　　草叶上，一只螽斯宝宝身穿短装，头顶一对触角，触角的长度超过身体长度的 2 倍。它整理触角的动作，犹如京剧武将的亮相。

　　螽斯俗称"蝈蝈"，我国两三千多年前的《诗经》就描写过它："五月斯螽动股，六月莎鸡振羽。""莎鸡"就是纺织娘。螽斯是出色的乐师，靠一对前翅的摩擦来奏乐，好比拉提琴。一般都是雄性螽斯发声，旨在求偶和宣告地盘。雌性螽斯则通过乐声来挑选自己的如意郎君。螽斯的耳朵长在前足上，称为听器。螽斯不仅能演奏音乐，而且大都很漂亮，一些螽斯宝宝有着非常可爱的外形。

　　螽斯和蝗虫都属于直翅目，二者的区分方法是：螽斯的触角细长如丝，接近于体长或超过体长；一般蝗虫的触角又短又粗，不会超过体长的一半，复眼发达。雌性螽斯的产卵器突出，像一把刀，而雌性蝗虫的产卵器则没有那么突出。

　　螽斯种类繁多，我国有 300 多种。据不完全统计，十万大山及其附近地区有 51 种，金秀大瑶山有 21 种，富川西岭山有 25 种。纺织娘、翡螽、悦鸣草螽和素背肘隆螽等十多种螽斯都是鸣虫圈子里的明星。

　　悦鸣草螽分布于我国南方地区，体形娇小、淡绿色，

悦鸣草螽若虫，身着亮红
色外衣，打扮比较高调

悦鸣草螽成虫，打扮比较低调

翅黑色，翅长超过腹部末端，鸣声连续而微弱。悦鸣草
螽的低龄若虫身体红黑相间，后足还有醒目的黄色条带。
悦鸣草螽有一个女性化的名字——柳叶娘。

窄翅纺织娘（雌性），体色与枯枝颜色近似

　　窄翅纺织娘又称"正纺"，长江以南多个省（自治区）有分布。其鸣声连绵不绝，如纺车转动的声音，故名"纺织娘"。它喜欢躲在枯叶堆里，体色如枯叶的颜色。

　　至于掩耳螽、平背螽和灶螽等属于常见种类，在广西很容易见到，而麻螽、透翅蟋螽和稚螽等则难以被发现。

　　掩耳螽胫节内的听器封闭，因而得名。它的体色有翠绿色和黄绿色两种，前翅狭长，翅脉组成一个个小方格。掩耳螽广泛分布于全国各地。

　　白天，掩耳螽最爱静伏在叶片上晒太阳和睡觉。有的常常翘起腹部假装叶子，因六足伸展易被识破。下面两幅图中的掩耳螽，一老一小，都大大咧咧，穿着绿装却歇在枯枝上，很容易暴露。

　　平背螽属于露螽亚科，其前胸背板的背片与侧片呈90°夹角，即具侧隆线，故名"平背"。成虫全身绿色，与若虫不同。南方的露螽亚科昆虫往往翅膀宽大，以适应南方阔叶林多的环境，平背螽也不例外。热带的平背螽若虫比亚热带的体色更为艳丽，且很多热带平背螽若虫具有玻璃光泽。有些平背螽低龄若虫的外形像蚂蚁，不仔细看很难分辨。

枯枝上的掩耳螽若虫　　　　　　竹林里的掩耳螽成虫

躲在叶间的平背蠊，前胸背板具明显的侧隆线　　　雨后，藤蔓上的平背蠊若虫

　　灶蟋俗称"灶马"，在广西民间叫"灶鸡子"，没有翅膀，背部隆起，六足细长，靠腿部摩擦发声，以植物的茎、果、叶为食。成语蛛丝马迹的"马"就是指这种昆虫。灶蟋是有名的洞窟性及群栖性昆虫，夏季常见于田野草石、土隙间，入秋后进入居民室内的厨房、灶间，喜欢生活在炉灶等温暖的地方，广泛分布于全国各地，在郊区易被发现，如突灶蟋。值得一提的是，灶蟋在广西的溶洞里也有生存，有常见种，也有罕见种。生活在环江等地的洞穴裸灶蟋（俗称"斑灶马"），身体透明，跟洞穴外的近亲明显不同。

　　在一片宽大的苎麻叶子上，一只麻蠊宝宝衣着花哨，东张西望，转来转去，最后纵身一跃，消失在草丛中。麻蠊宝宝体色很杂，随着蜕皮会不断呈现绿色。成虫几乎通体绿色。

大山里的突灶螽

溶洞里的裸灶螽

苎麻上的一只麻蚤若虫，较为少见

森林公园的栏杆上，歇着一只稚螽，它警惕性很高。稚螽也称"迟螽"，它长得像大头儿子，头大、眼睛大，体形小，但长得粗壮，后足发达，善于跳跃，前中足上有刺，利于捕捉其他小昆虫。稚螽是昼行性的，跟其他螽斯不同，它视力敏锐，靠视觉搜寻猎物，而其他螽斯靠触觉感知猎物。

栏杆上的稚螽，它的眼睛很大，目光敏锐

螽斯有一些特殊行为。如拟叶螽家族都有保护色和拟态行为，其出色的伪装能很好地躲避敌害，有效保护自身的安全。素背肘隆螽、翡螽、绿背覆翅螽都属于拟叶螽家族。

素背肘隆螽堪称色艺双绝。常见绿色个体，头部、胸部小，全身线条简洁优美，像一片树叶，它的翅膀把叶脉模仿得惟妙惟肖。它的鸣声极佳，犹如空谷磬音。

翡螽分布于我国南方地区，头尾均呈锥形，身体扁平，通体绿色，停栖时头部至翅膀成狭长的叶片状，姿态极为特殊，恰似一片树叶轻轻散落在其他叶片上。其鸣声为尖细的长声，喜夜鸣。

素背肘隆螽歇在竹叶上

一只翡螽躲在叶子背面

一只绿背覆翅螽歇在枝条上，头上停着一只小虫

绿背覆翅螽不爱活动，身体呈圆筒状，全身黑褐色。受到天敌捕捉时，会在胸部两侧释放黄色液体和气味，难闻的气味可以驱逐天敌。图中这只绿背覆翅螽显然走错了地方，若它待在枯枝上，很难被发现。

蟋螽也有特殊行为。它可以吐丝黏合叶子，做成叶巢，白天躲在里面，晚上才出来活动。多数蟋螽很敏感，栖身的草叶被碰一下，它就会跳走，只有少数会待着不动。

公园的栏杆上，一只透翅蟋螽在晒太阳。它太凶悍，也太自信了，栏杆上光溜溜的，让人一下子注意到了它。它拖着长长的产卵器，表明它是雌性。它头顶一对超长的触角，触角有时在动。这对触角很敏锐，是它搜寻猎物的利器。它的脚上有刺，弱小昆

一只蟋螽若虫的叶巢，它躲在里面很沉着

栏杆上的一只透翅蝈螽，是罕见的种类

一只华绿螽在枯枝上产卵

虫遇到这种自带狼牙棒的悍将，只能束手就擒。

蝈螽是介于螽斯和蟋蟀的一个类群，肉食性，比较凶猛。它们没有发声器，不会鸣叫。雄性蝈螽求偶时会用后足敲打物体，以此吸引异性。由此看来，蝈螽玩的是打击乐，其他螽斯玩的是弦乐。

螽斯是不完全变态昆虫，发育分为卵、若虫和成虫三个阶段。

许多昆虫会把卵产在植物表面，而螽斯把卵产在植物组织内、树皮下或土里。产卵瓣弯曲或端部有锯齿的，一般在植物组织内产卵；产卵瓣又长又直的，一般在土中产卵。林中，一只华绿螽弯曲着腹部，用马刀状的产卵器划破树皮，把卵产进植物组织内，前前后后忙活老半天。

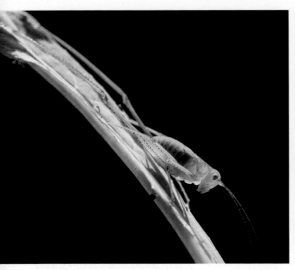

阳光下的一只华绿螽若虫，阳光照在它的身上　　　　　螽斯的产卵点，虫卵被保护得很好

从春天到初夏时节，螽斯若虫比较多。若虫长相跟成虫相似，但某些器官还没有发育成熟。螽斯的翅膀在外部发育，翅膀还没发育好时，它不能飞行，但它后腿发达，善于跳跃。螽斯在幼年期活泼好动，很顽皮。

有些昆虫的身体包着较硬的壳，即所谓外骨骼，仿佛穿了一件盔甲。这些昆虫要通过蜕皮才能长大，每蜕皮一次，就增长一龄，最后一次蜕皮称为羽化。

夏至前夕，一只华绿螽吊在草叶下，脱下旧装顺利完成羽化。此时它的翅膀是淡蓝色的，这是它一生中的高光时刻。从尾部弯曲的产卵器可以看出它是雌性。

螽斯羽化后进入成虫期，可以鸣叫、交配和产卵，繁衍是这一阶段的主要任务。螽斯通过奏乐谈情说爱，比一般的昆虫更有情调。一对掩耳螽在树枝上交配，交配后，雌性螽斯腹部末端会挂着一个白色的精荚。精荚富于营养，可以食用，算是送给新娘的彩礼。

一只华绿螽正在羽化

一对掩耳螽在树枝上交配，上雌下雄

大刀将军

　　大名鼎鼎的螳螂自古以来就备受人们的关注，我国古典诗歌中留下了许多有关螳螂的佳句，如"飘飘绿衣郎，怒臂欲当辙"（李纲《画草虫八物·螳螂》），"蝉响螳螂急，鱼深翡翠闲"（许浑《溪亭二首》）。明代医药学家李时珍在《本草纲目》中也有描述："螳螂，骧首奋臂，修颈大腹，二手四足，善缘而捷……"

　　螳螂是唯一一种头部可以旋转360°的昆虫。螳螂的眼睛突出于三角形头部的两侧，眼中的黑点并非真实结构，而是光学构象形成的"伪瞳孔"，黑点的位置会随着观察者视角的变化而变化。

　　螳螂前胸修长，体形矫健，性情凶猛，可快速抓住距离较远的猎物，被视为昆虫界的猛虎。螳螂前足为镰刀状的捕捉足，也因此被誉为"大刀将军"。平时它高举前足，被西方人称为"祈祷者"。它步行时中足、后足着地，前足举起，昂首慢行，给人以高傲的印象，成语"螳臂当车"便是对自不量力的嘲讽。

　　螳螂是捕食性昆虫，小到蚊子，大到小鸟，它都能捕食。当今对螳螂的广泛应用是投放卵鞘用作天敌昆虫，也有将螳螂作为宠物饲养的。

　　螳螂是个人英雄主义者，平素喜欢独来独往。若虫成活率低，有同类相残现象；成虫食物匮乏时也会六亲不认。有这样一种说法，螳螂交配后就会"妻食夫"，其实这种现象很少见，小丈夫交配后通常会迅速离开。

　　有的螳螂会点水性，喜欢在水边捕食。大多数螳螂惧怕水面，有时是被铁线虫寄生而近水。铁线虫幼体在螳螂体内摄取营养并长大，成熟后诱导螳螂靠近水边，并从螳螂体内钻出，自由游动并繁殖。一只中华斧螳歇在河中的石头上。不一会儿，它走向水边，但不急于下水，而是先用唾液洗干净它的大刀。终于它下水了，尽管很少用脚划水，但它仍然能漂浮在水面。好在水流平缓，石头离岸边不远，它一对前足前伸，中后足向后划，慢慢游到了对岸。

一只中华斧螳在水中游泳

　　我国约有螳螂 160 种，金秀大瑶山有 3 科 8 种，有角胸螳、绿污斑螳、中华斧螳、叶背螳、广斧螳等，富川西岭山有 3 科 7 种。其中热带种类最为丰富，但平时常见的只有 5～6 种左右。

　　中华刀螳，几乎是我国体形最大的螳螂。雌性中华刀螳是最强壮的螳螂之一，前足力量很大，常给贸然捕捉它的人以血的教训。中华刀螳整体呈绿色或褐色，但褐色型个体的前翅前缘依旧为绿色。若虫腹部伸展。卵鞘大型，质地松软，黄褐色，泡沫层丰富。

　　林中树影斑驳，微风拂面。一只中华斧螳倒挂在枝条上，阳光照亮了它粗壮的身体。中华斧螳，体态匀称的大型螳螂，身体翠绿色，前胸背板红褐色，前翅翅痣白色。若虫腹部上翘。卵鞘大型，块状，褐色，泡沫层薄但坚硬。

　　台湾巨斧螳，体态匀称的大型螳螂，体形与中华斧螳相似，但不及中华斧螳粗壮。成虫翠绿色，前翅翅痣白色，有的体表覆盖有白粉。若虫腹部上翘，受惊时会平放。卵鞘大型，褐色，泡沫层薄但坚硬。台湾巨斧螳分布于华东至华南各地。

野草上的中华刀螳若虫，身体修长，
体色跟周围环境颜色一致，利于隐藏

中足　　前胸背板　　触角

后足　　　　　　　　　头部

前足

前翅

腹部

中华刀螳身体结构图

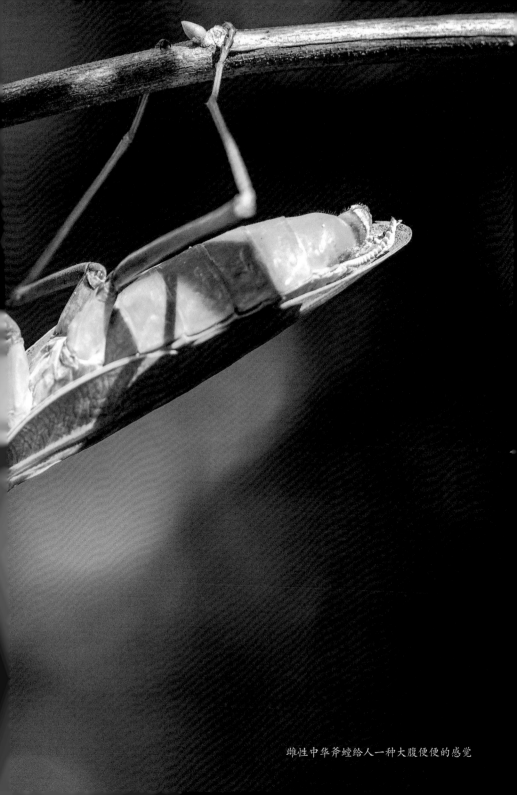

雌性中华斧螳给人一种大腹便便的感觉

一只翠绿色的台湾巨斧螳倒挂在藤蔓上，光线穿透了嫩叶，也穿透了它尾部露出的翅膀。它很少走动，采取守株待兔的策略伏击过往的昆虫

一只掩耳螽在枝条上慢慢地爬。突然，一只棕静螳闪电般扑了上来，眨眼间将掩耳螽拖到树干上，倒挂着吃了起来。它从头部吃起，使得猎物很快停止了挣扎。棕静螳身体舒展，掩耳螽身体蜷缩，强弱对比明显。突然远处传来几声鸟鸣，棕静螳暂停吃肉，紧张地张望。强中更有强中手，一不小心它也会成为鸟儿的猎物。

棕静螳，又称棕污斑螳，中小型螳螂，各地常见。前足有黑白相间的斑点，前胸修长，边缘具细齿。若虫腹部平伸。卵鞘长条状，黄褐色，泡沫层较薄，质地松软。

清晨，太阳刚刚爬上山头，照亮了一只丽眼斑螳宝宝，它正歇在野花上，显然昨晚它在这里过夜了。它身体的颜色跟野花的颜色相近，利于隐藏。新的一天开始了，盛开的花儿散发出清香，将吸引昆虫前来光顾，真是打伏击的好地方。

棕静螳捕获一只掩耳螽，正在享用

　　丽眼斑螳是较为常见的螳螂种类，因前翅具有独特的眼状斑纹而得名，它长相奇特，非常引人注目。成虫身上装饰有很多斑纹，头顶略隆起。若虫腹部上翘。

　　一只中华柔螳歇在野花上，目光里带着好奇。中华柔螳是小型螳螂，是罕见的种类。成虫口器稍向前倾，复眼卵圆形，翅膀薄而透明，中后足细长。若虫腹部不上翘。中华柔螳平时喜欢在灌木叶面活动

逆光下一只充当护花使者的丽眼斑螳若虫

丽眼斑螳成虫，好像穿着迷彩服，擅长"化眼妆"

歇在野花上的中华柔螳

螳螂一年一个世代，一生分为三个发育阶段：卵、若虫、成虫。产卵时，雌性螳螂一边排出泡沫，一边把卵规则地产在特定位置。刚产好的卵鞘柔软而色浅，经过几个小时甚至一天的干燥硬化后，卵鞘才最终定型。

在北方，多数螳螂以卵的形式越冬，厚实的卵鞘如棉衣，可以御寒；在南方，螳螂越冬方式多样，有的以若虫的形态在石头下或落叶层蛰伏越冬。

草丛里的中华刀螳卵鞘，泡沫层丰富

到了初夏，卵鞘开始孵化，在广西是 5 月，而在东北要延迟到 6 月。若虫钻出卵皮，顺着卵鞘中的通道钻出孵化，这时的若虫附肢紧贴在躯干上，然后迅速进行第一次蜕皮，无力蜕皮的若虫会慢慢死去。若虫孵化使沉寂已久的枯枝上有了动静。棕静螳若虫陆续钻出来，有快有慢：最快的体色已经很深，而且能走动了；有的刚刚顺利蜕皮，身体还是半透明状；还有的蜕皮失败，身体发黑。

树枝上的中华斧螳卵鞘，泡沫层薄，已被破坏

若虫要经过 6～8 次蜕皮才能长大变为成虫。蜕皮时若虫身体脆弱，没有任何反抗能力，容易受到天敌攻击，危险性很高。

一只中华斧螳倒挂在树叶上蜕皮，一群蚂蚁闻着气味围上来。不好！中华斧螳看在眼里，急在心中，未等身体变硬，提前仓皇挣脱旧皮。啪！它像一团烂泥掉落到地上，动弹不得。陆续赶到的蚂蚁没捞到大餐吃，只得捡旧皮吃。不过旧皮上带着中华斧螳的体液，还是柔软的，也不错。

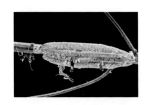

棕静螳卵鞘孵化，多数若虫可成功蜕皮，但也有失败的

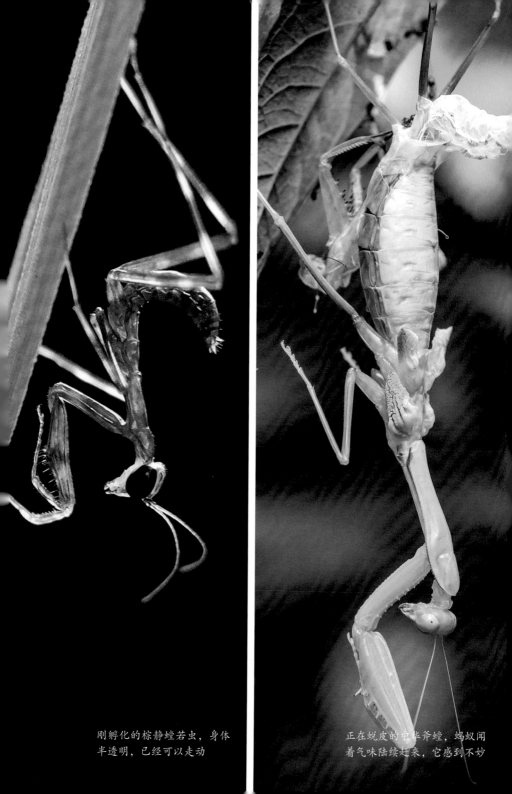

刚孵化的棕静螳若虫，身体
半透明，已经可以走动

正在蜕皮的中华斧螳，蚂蚁闻
着气味陆续赶来，它感到不妙

小小建筑师

在六足王国，活跃着一群小建筑师。它们的房子建在不同的地方，结构形态也千差万别。有的是虫妈妈为养育后代建造的，有的是虫宝宝自己建造的。其中以社会性昆虫的房子最为精美而复杂。

大多数昆虫的巢穴是固定的，但也有少数例外，如石蚕和蓑蛾幼虫的巢穴。至于筑巢所用的材料，有的来自昆虫自身，更多的是取自周边的环境。昆虫一般用嘴巴和脚对材料进行简单的处理，必要时也会进行细加工。

和人类的建筑相比，昆虫的建筑同样令人叹为观止。昆虫通过筑巢减少外界的干扰，提高了生存能力。

春天，马蜂妈妈咀嚼树皮，将木质纤维与唾液混合，形成一种类

雌褐马蜂初建的巢

蜂王后代扩建的巢

马蜂的倒挂"莲蓬"，已废弃

似纸浆的液体，然后用这种液体来建造由多个六边形巢组成的莲蓬状巢穴，建好后便在里面产卵、繁衍后代。冬天，马蜂们离开避寒，旧巢衰败变得空空如也。

胡蜂是马蜂的近亲，家族成员更多。如果说马蜂的巢穴是单层别墅，那么胡蜂的巢穴就是公寓楼。莲蓬一样的巢一层一层连在一起，外面还有一个大罩子，唯一的出入口在最下端。这是胡蜂蜂王和它的女儿们辛苦创造的杰作。

变侧异腹胡蜂别出心裁，喜欢纵向发展，建成长条形的巢穴，有的甚至长达一米多。下图中的六边形巢孔并排成两列，非常整齐美观。

胡蜂的巢穴，已废弃

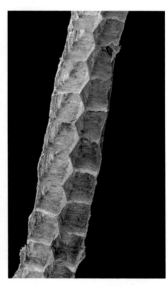

变侧异腹胡蜂的空巢

　　真狭腹胡蜂的建筑粗看像挂在藤蔓上的卷曲的枯叶，细看才能看到它精巧的结构。蜂巢有点像海螺，有规则的螺纹，下端出入口附近是镂空结构。可见真狭腹胡蜂妈妈是先建一个莲蓬状的巢，在里面产卵。一段时间后，再建一个保护罩，下端留一个出入口，这样更安全。

真狭腹胡蜂的初建巢，莲蓬状，开放式

真狭腹胡蜂的巢，海螺状，封闭式

蜾蠃建在树上的巢，是用水和泥做成的。蜾蠃用大颚加工时会混合唾液，使巢变得结实，任凭风吹雨打，仍安然无恙，这种建筑很牢固，可以多次使用。巢上有孔，每隔一段时间，蜾蠃会打开或关闭一些孔，每次的数量不固定，可能是蜾蠃在更换育婴室。

蜾蠃妈妈和泥做了一个大肚子"瓦罐"，然后抓毛虫填塞进去，这是为它未来的宝宝准备的。"瓦罐"没有封口，有蚂蚁出出进进，原来是蜾蠃妈妈不幸遇难，里面的毛虫变成了蚂蚁的食物。

壁泥蜂偏爱泥土房。它们像燕子一样，从河边衔来湿泥团，在石壁的凹陷处修筑养育孩子的房子，以免被雨水冲刷。壁泥蜂幼虫羽化后，便会从房子里钻出来，留下一个个小洞眼。

无刺蜂是蜜蜂家族中的异类，尾刺已经退化。它的小屋主体用蜂蜡做成，出入口用树脂做成，树脂可把前来侵犯的蚂蚁粘住。

螺纹蓑蛾幼虫把草茎切割得整整齐齐，然后按螺旋状堆叠，筑成富有艺术性的构筑物，令人想到第三国际纪念塔的设计方案。

白囊蓑蛾幼虫吐丝编织了一个护囊。锥形的护囊严密而便携，可以背着到处流浪。有了它防身，蜘蛛拿它没办法，蚂蚁围攻半天也没事。

一只蛾的末龄幼虫依附在枯草上，吐丝编织了一个庇护所，并扯下自己体表的刚毛用于加固，然后在里面安然化蛹。这种双重茧结构复杂，编织起来费功夫。尽管茧很薄，能看见里面的蛹，但能够节约建筑材料，而且也比较坚固安全。

蜾蠃的巢

壁泥蜂的巢

蜾蠃的"瓦罐"

两个无刺蜂的巢，一大一小

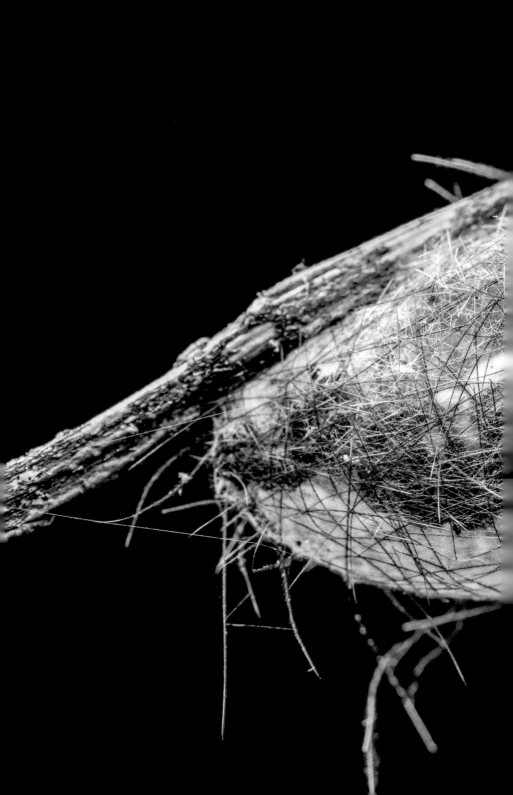

蛾末龄幼虫用丝和自己的刚毛做的茧，虽看起来简易，但坚固安全

枯草上螺纹蓑蛾幼虫的护囊

白囊蓑蛾幼虫的护囊

在龙州，黄猄蚁在龙眼树上建了一个悬空的巢。它们所用叶子是新鲜的，说明这是一个新巢。当这些叶子枯萎时，巢里的垃圾也积累很多了，黄猄蚁便会放弃旧巢，另建新巢。

黄猄蚁的织巢过程非常有趣。黄猄蚁一般在树冠向阳处营巢，工蚁一旦选好营巢的地点，就把身体伸展在叶片上，然后收缩身体拉紧枝叶。若间距太远，它们就会上下连接，形成"蚁桥"，把相邻的枝叶拉近。然后另一些工蚁口叼白白胖胖的黄猄蚁幼虫，使其在叶缝间吐丝，从而黏合成为巢。

黄猄蚁数量众多，是热带雨林中最常见的蚂蚁，也是最凶猛、最奇特的蚂蚁之一。黄猄蚁是捕虫能手，能有效控制柑橘蜡类、柑橘潜叶蛾等害虫的数量，深受果农的欢迎。

黄猄蚁在龙眼树上建巢，白色部分是幼虫吐出的丝

关系：江湖上的恩怨情仇

在自然界，任何一只昆虫都不是独立存在的，都要和周围的环境发生联系。广翅蜡蝉若虫装扮成小毛丛，凤蝶低龄幼虫装扮成鸟粪……它们都让自己成为环境的一部分。伪装是生命之间互相关联的一种有力证据。

俗话说："大鱼吃小鱼，小鱼吃虾米，虾米吃水藻。"这句话对海洋生物之间吃与被吃的关系做了最直观的描述，但昆虫之间的营养关系并没有这么简单。

除了捕食和被捕食的简单联系，昆虫之间还可能存在互利互惠的关系。而昆虫与植物之间也不是简单的吃与被吃的关系，比如蚂蚁跟某些昆虫和植物建立了共生关系。

围绕绿色植物形成的昆虫多样性，经过千百万年的自然选择，使昆虫的种群之间、昆虫与其他生物之间形成了互相制约、互相依存的关系，这种关系一直处于动态平衡状态。例如蝴蝶在幼虫期取食植物叶片，对植物造成一定的危害，但也会刺激植物生长，且蝴蝶成虫能为显花植物传粉。

微信 / 抖音扫码

藤蔓上的小生灵

弯弯曲曲的藤蔓吸引着人们的视线。藤蔓上栖息着形形色色的昆虫，昆虫点缀了藤蔓，使藤蔓成为山野里一道亮丽的风景。有的昆虫只是在藤蔓上短暂停留，有的则是在藤蔓上生活，以吸食植物汁液为生。

一只平背蚤若虫沿着长长的藤蔓爬行。它爬上爬下，东张西望，对新世界充满好奇。下雨了，它躲到叶子下面，这才安静下来。

蚤斯属于不完全变态昆虫。不完全变态昆虫的若虫性格活泼，足发达，容易与成虫混淆。平背蚤的口器是咀嚼式的，取食花或嫩叶。

活泼好动的平背螽若虫

春日清晨，一只缘蝽宝宝（若虫）栖息在海风藤上。温暖柔和的晨光给藤蔓和缘蝽宝宝镀上了一层金边，藤蔓和缘蝽宝宝都是稚嫩的，二者看上去很和谐。

一切看起来都是那么美好。谁知过了一段时间，藤蔓末梢枯萎了。这是缘蝽宝宝吸食树汁造成的。缘蝽宝宝的口器是刺吸式的。

一对锐肩侎缘蝽在藤蔓上交配，后来雄虫离开了，雌虫还留在原处。锐肩侎缘蝽色彩暗淡，腹部有白色斑点。它们生活在藤蔓上，口器是刺吸式的，以吸食植物汁液为生，会造成部分藤蔓枯萎。

缘蝽若虫初来时，藤蔓长势良好

被吸食树汁后，藤蔓逐渐枯萎

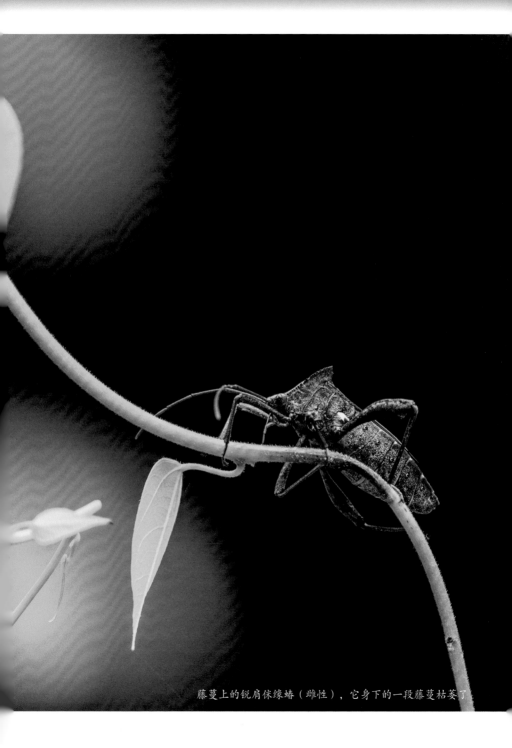

藤蔓上的锐肩侏缘蝽（雌性），它身下的一段藤蔓枯萎了

树下，一只蛾蜡蝉栖息在藤蔓上，它伪装成一片小嫩叶，以迷惑天敌，保护自己。从树缝漏下来的阳光恰好照亮了它，形成奇特的效果。

蛾蜡蝉体形似蛾，其若虫体表多蜡质丝状物，故名。它的口器也是刺吸式的。蛾蜡蝉的心地并不像外表一样单纯，它吸食嫩枝液汁，夺取植物的营养。当它们的种群数量太多时，可使植物营养不良甚至枯萎。

右边的小嫩叶是蛾蜡蝉伪装的

　　广翅蜡蝉若虫身体很小，白色的尾巴呈放射状，它常常把尾部翘起来以遮盖住身体，远看好像一簇小毛丛，天敌难以发现。

　　广翅蜡蝉若虫善于跳跃，有"白裙舞者"之称，如果伪装被识破，就会迅速跳走。它的口器是刺吸式的。

广翅蜡蝉若虫，如同小毛丛轻轻落在藤蔓上

　　冬日清晨，在松林的边缘，一只柑橘凤蝶在藤蔓上晒翅膀，金黄而柔和的阳光给了它温暖。藤蔓在重力的作用下弯曲了。此时，柑橘凤蝶翅膀上的鳞片闭合着，阳光直射鳞片，可增加热能吸收，相当于一块太阳能接收板。它翅膀上的鳞片能通过调整角度，起到调节体温的作用。柑橘凤蝶的口器是虹吸式的，不使用时像手表的发条一样卷起来。柑橘凤蝶吸花蜜只是为了满足飞行所需要的能量，所以吸食量不大。

　　树下光线暗淡，一根细细的藤蔓上吊着一只灯蛾宝宝。它的身体两头黑，中间黄，全身长着白毛，呈放射状。逆光下，白毛质感很强，非常醒目。此时，它正在吃藤蔓，

冬天，柑橘凤蝶在晒太阳

一只灯蛾宝宝正在吃藤蔓，藤蔓变得越来越短

细嫩的藤蔓是它的美食。它的口器是咀嚼式的，像一把剪刀一样锋利。

　　夏天，藤蔓上栖息着一只三带天牛。它的触角黄黑相间，长而弯曲，像藤蔓的茎尖。大概三带天牛想换个地方玩，轻轻一飞就飞走了。它的寄主是藤蔓旁的云实，它的口器是咀嚼式的，它喜欢啃云实的树皮。三带天牛鞘翅上有三条黑色横带，故名。

三带天牛抱紧了藤蔓

　　一根藤蔓弯成漂亮的S形，上面栖息着一只暗翅筒天牛，它身体呈圆筒形，体色艳丽，在绿色的藤蔓上很醒目。这是它暂时的栖身之所，它平时都在桑树和羊角拗等植物上生活，吃叶子或啃树皮。它的口器是咀嚼式的。

　　一根藤蔓又细又长，上面还有嫩叶，象甲喜欢在上面生活。象甲俗称"象鼻虫"，它的长喙像大象的长鼻子，喙上还有专门的沟以容纳触角。象甲是慢性子，走路慢吞吞的。它还是胆小鬼，稍微受惊就装死。它的喙不但用于穿刺取食，还可在产卵时钻孔。

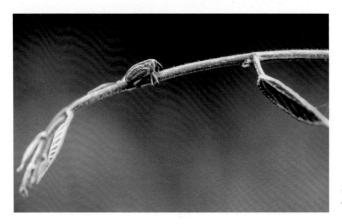

象甲生活在藤蔓上，
它性情迟钝

　　两根藤蔓缠在一起，上面歇着一只叶甲。一开始它站在藤蔓的最上面，后来察觉有动静，就转移到下面，躲在叶子上。叶甲俗称"金花虫"，种类繁多，口器是咀嚼式的。这只叶甲有着橙黄色的身体，蓝黑色的鞘翅，闪着琉璃光泽。

一只叶甲在藤蔓上歇着，一只蚂蚁匆匆路过

暗翅筒天牛在藤蔓上过夜

飞龙掌血的房客

飞龙掌血是一种攀缘植物，枝繁叶茂，长势强，善于扩展地盘。如果撕碎它的叶子，会闻到一股刺鼻的怪味。飞龙掌血上生活着乌桕长足象、巴黎翠凤蝶宝宝、尺蛾宝宝和沫蝉宝宝等昆虫。飞龙掌血的枝条上长着很多刺，这使得生活在上面的房客们得到庇护。

巴黎翠凤蝶宝宝住在公寓的下层，好像患有恐高症。为了不被天敌发现，其低龄幼虫扮作鸟粪，不惜丑化自己的形象。随着龄期增长，巴黎翠蝶幼虫体形变大，体色变成绿色，无法继续扮作鸟粪，不过在绿叶中也容易隐身。危急时刻，它会伸出红色臭腺释放一种怪味，以驱逐对手。这种怪味就来自平时吃叶子的积累。

日本电子游戏《宝可梦》系列中的绿毛虫，其设计原型参考了凤蝶幼虫，鲜红的触角、绿油油的身子非常逼真。不过现实中的凤蝶幼虫头上那一对大眼睛其实是花纹，并不是真正的眼睛。可能觉得大眼睛非常可爱，设计人员就把眼斑设计成绿毛虫水汪汪的大眼睛。

巴黎翠凤蝶宝宝为了不被天敌发现而伪装成鸟粪

巴黎翠凤蝶低龄幼虫长大了一点，体色改变了

尺蠖住在公寓的中层，取食叶片，过着低调的生活。尺蠖是尺蛾科昆虫幼虫的统称。尺蠖因腹足一对、臀足一对，行动时身体一屈一伸，如同测量尺度一样，故名。为了迷惑天敌，它扮作树枝，形状和颜色确实比较接近。加上不爱活动，总是保持静止状态，天敌很难发现它。

乌桕长足象住在公寓的中层，喜欢啃树皮，那些树疤就是拜它所赐。它不仅脚长，还拥有大象般的长鼻子。它模仿树枝，体色和形状都模仿得很像，甚至连树的疤痕都有呢。有时会因为走错地方而容易在叶子上暴露，被天敌盯上。

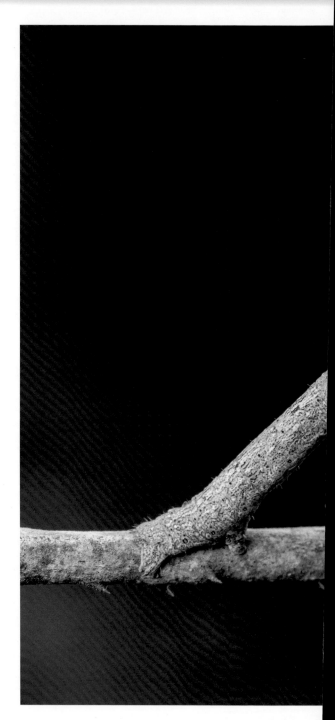

尺蠖在模仿树枝

这只乌桕长足象在模仿树枝

　　当受到侵害时，乌桕长足象立即呈麻痹状态，从树上掉到地上装死。假死性是昆虫的一种防御策略，多见于鞘翅目昆虫。当寒冬来临，乌桕长足象下到地面蛰伏，翌年春天又爬回到树上。

　　这是谁吐的一团唾沫？不，这是沫蝉宝宝在洗泡泡浴。沫蝉宝宝也住在公寓的中层，它以吸食树汁为生。它一天到晚洗泡泡浴，既可保持皮肤湿润，又可躲避天敌捕食。

乌桕长足象爬到绿叶间，容易暴露自己

　　螳螂身着绿装，住在公寓的上层。它采取守株待兔的方法，伏击过往的昆虫。它是肉食性昆虫，飞龙掌血最喜欢这样的房客，不然不安分的房客太多。

　　这些房客不是同时住进来的。后来，宽带凤蝶宝宝和碧蛾蜡蝉住进来了，蜘蛛也在树梢上织网安家。两年过去了，房客换了一批又一批，飞龙掌血依然枝繁叶茂，真是铁打的营盘流水的兵。

沫蝉宝宝在洗泡泡浴

沫蝉宝宝在泡沫中隐身

距离

昆虫之间的距离一定程度上反映了它们之间关系的亲疏。蚂蚁、胡蜂这些社会性昆虫，其种群内部较为亲近，同样的还有蝉、蝽、啮虫等昆虫，它们都喜欢群居。

一般来说，肉食性昆虫比较冷血，有的会同类相残，因此之间必须保持距离。植食性昆虫之间则没有必要太疏远，特别是蚂蚁，它们和多种昆虫都有合作，亲如一家，如蚜虫、蚧壳虫、多种蝉和少数蝽。

根据情况的变化，昆虫之间必须适时调整距离。比如螳螂平时喜欢独来独往，只有刚孵化时和求偶时才待在一起；交配结束，雄性螳螂必须马上离开，不然可能被吃掉。

几乎每一种昆虫都有可能被螨附着。这些昆虫都是被动接触，它们与螨之间的亲密是假象。螨会通过搭便车，扩散到任何地方。

长长的丝柄顶端各有一粒卵，草蛉把四粒卵固定在枯枝上，它们之间的距离是相等的。草蛉在产卵时，先从产卵器排出胶状物质，使其与枯枝接触，然后将腹部的端部抬起，用力拉出一根丝，丝遇空气变硬，最后在丝端产下一粒卵。

为什么要这么麻烦呢？原来是因为草蛉是捕食性昆虫，天生性情凶残，如果孵化出来的幼虫没有吃的，它们就会互相残杀，所以要把它们隔开。这样做还可以防止蚜虫弄脏卵，以及避免被蚂蚁等天敌吃掉。

枯枝上的草蛉卵即将孵化，它们等距离分布

早晨，草叶上倒挂着三只棕静螳若虫。它们刚孵化不久，正在列队晒太阳，互相之间保持着一定距离。等身体强壮一些，它们就会分散走开，不然会因饥饿而互相残杀，直到剩下最凶猛的一只。

雨后，枝条上残留着水珠。两只蜡蝉若虫面对面看着彼此，之间隔得有点远。它们喜欢群居，很团结友爱。从表面上看，它们一动不动，实际上已经把刺吸式口器插进树皮，正在悄悄吸食树汁。

枝条的左侧，有两只碧蛾蜡蝉静静地待着，它们头的朝向一致，神态动作一致，也在吸食树汁；枝条的右侧，有两只蚂蚁结伴同行，它们步履匆匆，在四处寻找食物，枝条是它们的高速通道。碧蛾蜡蝉和蚂蚁各走各的道，井水不犯河水。

蜡蝉若虫在悄悄吸食树汁

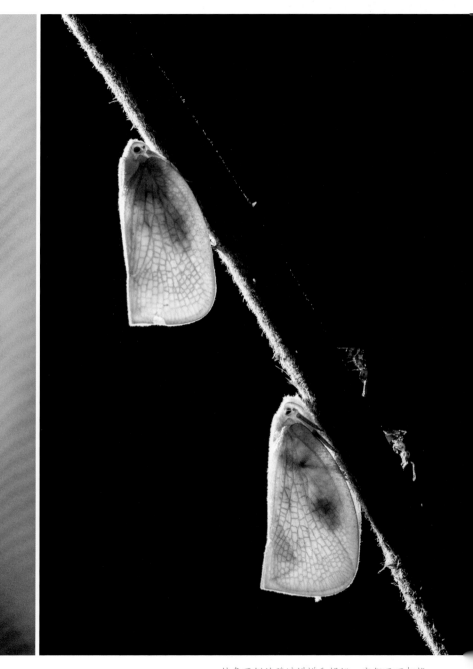

枝条两侧的碧蛾蜡蝉和蚂蚁，它们互不相扰

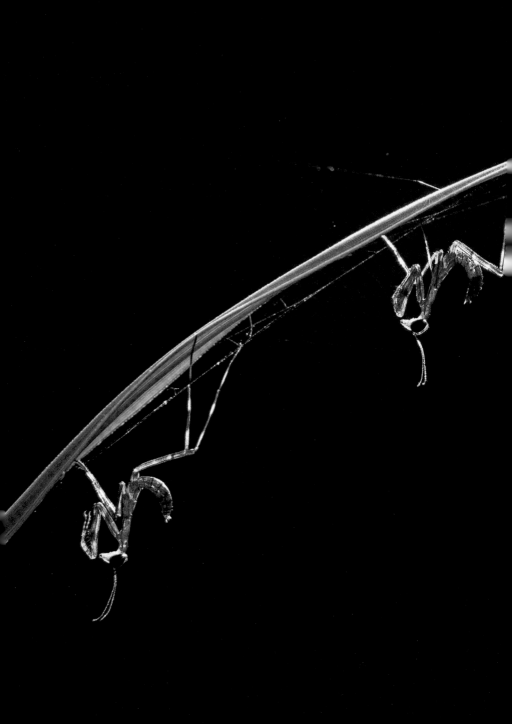

三只刚出生的棕静螳若虫正在晒太阳

雨把叶子和绿缘扁角叶甲洗得干干净净，令叶甲的鞘翅上闪出彩虹般的光泽。在繁殖期，雌性叶甲会释放出一种气味来吸引异性伴随在身边。右图中这片叶子是它们的二人世界，它们穿戴得珠光宝气，享受着爱情的甜蜜。

早晨，一只眼纹广翅蜡蝉在藤蔓上漫步。它的翅膀斜放，时而轻轻扇动。每当遇见蚂蚁或同类，它马上把翅膀平举，如同在打招呼。

眼纹广翅蜡蝉有刺吸式口器，以吸食植物汁液为生。它的翅膀宽大，上面有眼纹般花纹，也许是用来恐吓天敌的。

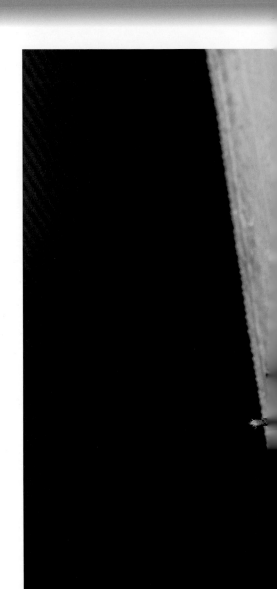

一对亲密无间的绿缘扁角叶甲

眼纹广翅蜡蝉遇见蚂蚁，平举翅膀，如同打招呼

眼纹广翅蜡蝉遇见同类，平举翅膀

黄昏，一只三带隐头叶甲歇在叶子上，一动也不动。三带隐头叶甲体长 0.6～0.8 厘米，身体橙红色，前胸背板上有黑色斑纹，鞘翅上有 3 条黑色宽横纹。雌性三带隐头叶甲会用植物和粪便包裹卵粒，幼虫生活在植物和粪便做成的囊中。

此时，两只红色的赤螨幼体附着在三带隐头叶甲身上，专挑昆虫体表缝隙下嘴，以吸食昆虫体液。

三带隐头叶甲被赤螨幼体咬住，这是它们暂时的"亲密接触"

藤蔓上，一对缘蝽在尾尾相接。一只蚂蚁前来觅食，没有打搅它们。缘蝽身上被几只红色的赤螨幼体咬住，这些六条腿的小红点般的赤螨犹如渗出的血滴，但并未对它们造成什么妨碍。

蝽与蝽之间、蝽与蚂蚁、赤螨幼体之间，零距离接触

一根嫩竹上，一只一字竹象甲翘起尾巴，正在埋头吃竹肉。见者有份，一只举腹蚁凑近吃现成饭，小家伙一点都不怕面前这个庞然大物。

一字竹象甲的前胸背板有一字形黑斑，两边鞘翅各有两个黑斑。尽管外表如漆器一般美，但一字竹象甲对

一字竹象甲在啄食竹肉，举腹蚁凑近跟它一起吃

竹子危害很大，其幼虫会在笋内取食，故俗称"竹蛆"。

在潮湿的山石上，两只橙翅伞弄蝶在吸水，以获取里面的营养物质，满足繁殖所需。它们体形较胖，后翅及腹面布满橙色鳞片，翅脉似雨伞骨架。它们都是雄性的，动作和姿态也一致，看起来非常有趣。

两只橙翅伞弄蝶在吸水，它们如影相随

小小牧场主

蚂蚁是世界上数量最多的一类昆虫，是最有魅力的生物类群之一。蚂蚁的种类繁多，我国已确定的蚂蚁种类超过 600 种。蚂蚁在自然界的作用较为重要，它们能够改良土壤结构、分解有机质、扩散植物种子、为植物授粉、控制害虫数量，影响着整个地球的生态系统。

蚂蚁形象独特，给人印象深刻。蚂蚁形体小且呈长形，头部较大，腰部很细。它的触角为膝状，起到探索和交流的作用。

蚂蚁的食物很丰富，归纳起来有动物、植物、真菌等。它们看见吃的就往家里搬，若单独一只蚂蚁搬不动，就会回去招呼大伙过来合力搬运。集体行动是蚂蚁重要的捕食策略。

昆虫之间不是只有打打杀杀，也有互利互惠。如蚂蚁和蚜虫、灰蝶幼虫、蝉、竹缘蝽以及蚁蟋之间的合作共赢关系就堪称典范。

蚂蚁不时用触角敲打蚜虫腹部，蚜虫识趣地排出一滴蜜露。蚂蚁放牧蚜虫，为的是取食蚜虫分泌的蜜露，而有瓢虫想要捕食蚜虫时，蚂蚁也会保护蚜虫，使蚜虫免遭瓢虫的捕食，这就是互利共生。可见地球上最早的牧场主不是人类，而是蚂蚁。

蚂蚁放牧蚜虫以获取蜜露

从树缝漏下来的阳光，恰好照亮了一群角蝉宝宝。枝条上聚集着很多角蝉宝宝，它们在悄悄吸食植物汁液。一些蚂蚁爬上爬下，忙着采集角蝉宝宝分泌的蜜露，并为它们提供保护。

枝条上，一只离脉叶蝉在吸食植物汁液，一只蚂蚁用触角轻轻拍打离脉叶蝉的尾部，采集离脉叶蝉分泌的蜜露。同样的，蚂蚁为离脉叶蝉提供保护，离脉叶蝉则为蚂蚁提供蜜露，二者相互合作，互利互惠。

蚂蚁在不停地抖动触角以采集蜜露

蚂蚁在采集蜜露的同
时也保护了角蝉若虫

　　一只灰蝶幼虫在云实上吃嫩叶，吃得差不多了，蚂蚁就指挥它换地方。灰蝶幼虫腹部的分泌管能产生蜜露，蜜露是蚂蚁喜爱的食物。灰蝶幼虫一般会被蚂蚁带到蚂蚁巢中过夜，因为蚁巢更安全。

　　灰蝶幼虫是食物链中的初级物种，天敌很多，如果没有蚂蚁的保护，很容易成为其他动物的猎物。所以，蚂蚁与灰蝶幼虫也是互利共生的关系。

　　在竹子上，生活着一群竹缘蝽宝宝。一些蚂蚁跟在竹缘蝽宝宝后面，并不断用触角抚摸竹缘蝽宝宝的屁股，希望获得蜜露。

　　蚂蚁属于膜翅目蚁科，是由一群很有智慧的黄蜂转移到地下生活演变而来的。蚂蚁最早出现在距今 1.3 亿年的白垩纪，和恐龙一起生活过。

灰蝶幼虫在蚂蚁的指挥下掉头

蚂蚁跟在竹缘蝽宝宝屁股后面，并用
触角抚摸竹缘蝽宝宝，希望获得蜜露

四只蚂蚁在指挥灰蝶幼虫换地方

新生

春雷是大地的闹钟，唤醒无数沉睡的小生灵。瞧，昆虫们有的整理衣衫，有的建造新房子，都在准备迎接欣欣向荣的春天！

在很多人的印象里，蝉是属于夏天的记忆，但在我国南方热带地区，三月就可以听到蝉鸣。

惊蛰过后，斑点黑蝉老熟若虫就会结束它漫长的地下生活，从泥土里钻出来，准备羽化。斑点黑蝉成虫很漂亮，穿着一件饰有黄色斑点的黑衣服，因此也有人叫它"黄斑蝉"。当它展翅飞翔时，还会被误认为是一只美丽的蝴蝶。和夏日里常听到的蚱蝉的叫声不同，斑点黑蝉的叫声更加清脆悦耳。

春天，百花齐放，到处都能看到蜜蜂在辛勤地采蜜。花间这只蜜蜂有些奇怪，仔细一看，原来是食蚜蝇。食蚜蝇穿着黄黑相间的条纹衣服，乍一看像蜜蜂，以此来保护自己，这就是拟态。

其实，要区分食蚜蝇和蜜蜂也不难。比如，蜜蜂有一对长长的触角，食蚜蝇的触角则非常短。食蚜蝇的复眼和苍蝇一样，占据了大半个头部，而蜜蜂的复眼没有那么大。此外，蜜蜂来去匆匆，食蚜蝇却缓缓飞来，喜欢在空中悬停，好像要先欣赏花朵的美，再去品尝花蜜。

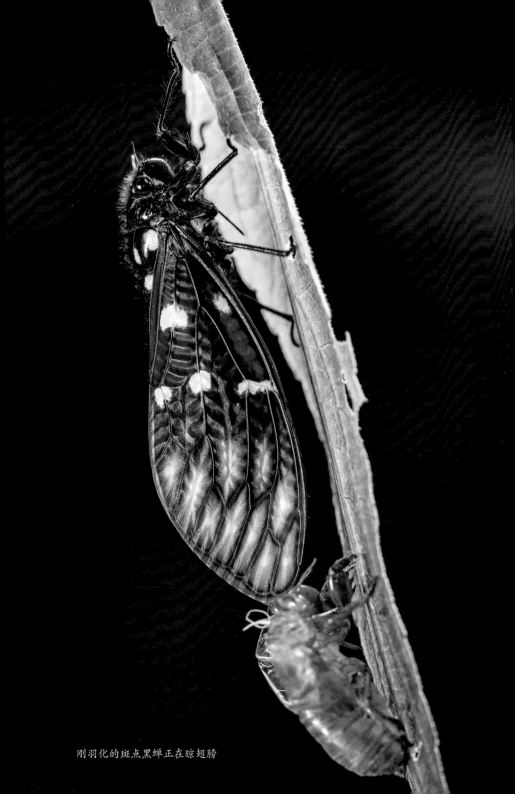

刚羽化的斑点黑蝉正在晾翅膀

食蚜蝇取食油桐花花蜜

小蓑蛾宝宝是一位早熟的裁缝，它为自己做了一件温暖的蓑衣（护囊），以安安稳稳地度过寒冬。

春天来了，天气转暖，蛰伏一冬的小蓑蛾宝宝苏醒过来，开始吃叶子。几天以后它长成了一只老熟幼虫，吐丝把自己吊在叶子下面。它把身体翻转过来，不吃不喝，等待化蛹。

半个多月后，小蓑蛾成功羽化，一只穿着黑色天鹅绒衣服的雄性成虫从蛹中出来了。与雄性小蓑蛾不同，雌性小蓑蛾没有翅膀，只能终身在护囊中生活。

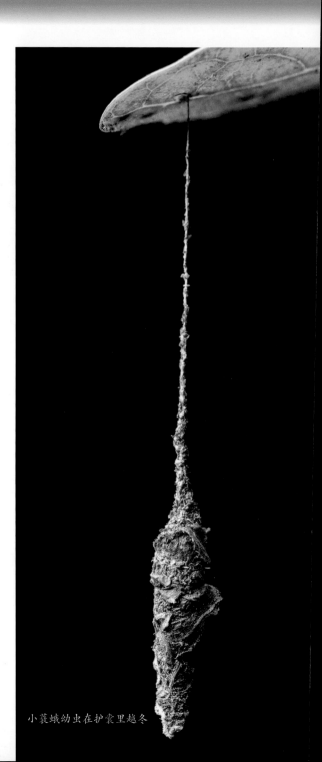
小蓑蛾幼虫在护囊里越冬

刚羽化的小蓑蛾正在晾翅膀

大部分马蜂在冬天冷死了，只有一些强壮的幸存下来。春天，马蜂啃咬树皮，剔除其中的粗纤维，经过咀嚼将树皮与唾液混合，搅拌成糨糊状，这一过程类似造纸工艺，然后上颚和脚并用修建巢室。它们会在巢的顶部涂一层油，这样做可以防水，在巢柄涂有驱蚂蚁作用的化学物质，以阻止蚂蚁进来。雌性马蜂在几个小单间产下卵后，便寸步不离在一旁守护。

蝴蝶的一生要经过四个发育阶段：卵、幼虫、蛹、成虫。不同蝴蝶在过冬时经历的形态有所不同。灰蝶擅长以卵的形态越冬，蛱蝶大多以幼虫形态越冬，大多数凤蝶在冬天时化蛹，也有一部分以成虫的形态越冬。总之，每种蝴蝶都有一套属于自己的越冬方案。

成功越冬的雌性马蜂和它新修
建的巢，此刻它正在睡觉呢

　　苎麻珍蝶是以幼虫的形态越冬的。进入隆冬，它们就从植物上转移到地面上，找个石头缝躲起来，不吃不喝，进入滞育期。当感受到春天的气息时，那些熬过冬天的幸存者就爬会出来。一只苎麻珍蝶宝宝从地面爬到植物上晒太阳，慢慢恢复体力。再过一个多月，它就要化蛹了。

　　春光明媚，农民在地里播种，播下他们的希望。一只枯叶蛾妈妈在枯枝上产卵，孕育新生命。

　　枯叶蛾是一种赤褐色的蛾子，因静止不动时翅膀很像枯叶而得名，惹人喜爱。但是它的幼虫却让人望而生畏，因为幼虫身上长着毒毛。

　　枯叶蛾大多以取食特定种类的植物为生，但是枯叶蛾妈妈偏偏不把卵产在这种植物上，这是为什么呢？原来，寄生蜂会闻着这种植物的特殊气味找到枯叶蛾的卵，然后把自己的卵产在枯叶蛾的卵里面。为了保护自己的后代，枯叶蛾与寄生蜂斗智斗勇，故意把卵产在这种植物附近，而不是这种植物上。孵化后幼虫到处乱爬，总有一些幼虫能找到吃的，不至于全军覆没。

刚产完卵的枯叶蛾，已经精疲力尽了

成功越冬的苎麻珍蝶幼虫在晒太阳

后记

今年 3 月，《昆虫在野——镜头里的美丽邻居》获中央电视台科教频道"读书"栏目专题推荐，在社会上引起一定的反响。现在广西科学技术出版社又让我挑重担，撰写"自然广西"丛书的昆虫分册。

为了让书的内容更加完善，我在文字上反复推敲，对图片精挑细选，终于顺利完稿。成书的过程也是一个整理思路、不断提高思想认识的过程。

如果这本书使你掩卷而思、心有所动，并点燃你热爱生命、探索自然的火焰，我会感到欣慰。

感谢广西戏剧家协会副主席、广西散文学会会长何述强的赏识，感谢广西科学技术出版社和《广西林业》杂志的信任和支持，特别感谢广西弄岗国家级自然保护区、广西大瑶山国家级自然保护区在我考察时提供帮助，以及感谢那些给过我温暖的人。

由于笔者掌握的资料有限，加上时间仓促，书中有不足之处在所难免，恳请方家不吝赐教，以便再版时改进。

欧阳临安

2023 年 8 月